# METODOLOGIA DE PESQUISA PARA CIÊNCIA DA COMPUTAÇÃO

3ª EDIÇÃO

Grupo
Editorial
Nacional

O GEN | Grupo Editorial Nacional - maior plataforma editorial brasileira no segmento científico, técnico e profissional - publica conteúdos nas áreas de ciências exatas, humanas, jurídicas, da saúde e sociais aplicadas, além de prover serviços direcionados à educação continuada e à preparação para concursos.

As editoras que integram o GEN, das mais respeitadas no mercado editorial, construíram catálogos inigualáveis, com obras decisivas para a formação acadêmica e o aperfeiçoamento de várias gerações de profissionais e estudantes, tendo se tornado sinônimo de qualidade e seriedade.

A missão do GEN e dos núcleos de conteúdo que o compõem é prover a melhor informação científica e distribuí-la de maneira flexível e conveniente, a preços justos, gerando benefícios e servindo a autores, docentes, livreiros, funcionários, colaboradores e acionistas.

Nosso comportamento ético incondicional e nossa responsabilidade social e ambiental são reforçados pela natureza educacional de nossa atividade e dão sustentabilidade ao crescimento contínuo e à rentabilidade do grupo.

# METODOLOGIA DE PESQUISA PARA CIÊNCIA DA COMPUTAÇÃO

3ª EDIÇÃO

**Raul Sidnei Wazlawick**

Professor Titular da Universidade Federal de Santa Catarina (UFSC)
Pós-doutorado pela Universidade NOVA de Lisboa (UNL)
Doutor em Engenharia de Produção pela UFSC
Mestre em Ciência da Computação pela Universidade
Federal do Rio Grande do Sul (UFRGS)

gen | LTC

- Data do fechamento do livro: 10/10/2020



- **Atendimento ao cliente: (11) 5080-0751 | faleconosco@grupogen.com.br**


  Uma editora integrante do GEN | Grupo Editorial Nacional
  Travessa do Ouvidor, 11
  Rio de Janeiro – RJ – 20040-040
  www.grupogen.com.br



- Capa: Leônidas Leite
- Imagem de capa: © Antrey | iStockphoto.com
- "A imagem da capa do livro remete à primeira história contada nele, na qual um estudante de mestrado tenta realizar um trabalho sobre usar uma catapulta para ajudar as pessoas a cruzar um rio. Essa história cruzou minha mente enquanto participava de uma banca de doutorado há muitos anos atrás quando o aluno fazia algo parecido; elegeu uma ferramenta *a priori* e passou a tentar resolver um problema com ela. Algo tipo, eleger o martelo como sua ferramenta e passar a tratar todos os problemas como pregos. As formigas usando um cogumelo como catapulta para tentar chegar à Lua também remete à incerteza da ciência quando menciono no final da história não haver machucado nenhum ser vivo durante sua escrita, salvo se alguma formiga tivesse sido inadvertidamente esmagada por meus pés embaixo da mesa." (O Autor)

- Editoração Eletrônica: Arte & Ideia

- Ficha catalográfica

**CIP-BRASIL. CATALOGAÇÃO NA PUBLICAÇÃO**
**SINDICATO NACIONAL DOS EDITORES DE LIVROS, RJ**

W372m
3. ed.

Wazlawick, Raul Sidnei, 1967-
Metodologia de pesquisa para ciência da computação / Raul Sidnei Wazlawick. - 3. ed. – [3ª Reimpr.] – Rio de Janeiro : LTC, 2026.
: il. ; 23 cm.

Inclui bibliografia e índice
ISBN 978-85-951-5109-3

1. Computação. 2. Pesquisa - Metodologia. I. Título.

20-65393 CDD: 004
CDU: 004

Leandra Felix da Cruz Candido - Bibliotecária - CRB-7/6135

# Dedicatória

Este livro é dedicado às minhas queridas:

Júlia, Amanda, Alice e Carla.

# Agradecimento

Agradeço a este livro pela compreensão por tantas horas em que não o escrevi porque me dedicava à minha família.

# Sobre o autor

**Raul Sidnei Wazlawick** é professor titular da Universidade Federal de Santa Catarina (UFSC), lotado no Departamento de Informática e Estatística. Graduado em Ciência da Computação pela UFSC (1988), é mestre em Ciência da Computação pela Universidade Federal do Rio Grande do Sul (UFRGS, 1991), doutor em Engenharia de Produção pela UFSC (1993), com pós-doutorado pela Universidade NOVA de Lisboa (UNL, 1998).

Ocupou os seguintes cargos: conselheiro da Sociedade Brasileira de Computação (SBC), membro da Comissão de Especialistas de Ensino de Computação e Informática do Ministério da Educação (CEEInf-MEC), representante do Brasil no TC3 da International Federation for Information Processing (IFIP), coordenador do IFIP Working Group on Higher Education (WG 3.2), coordenador do Curso de Bacharelado em Ciência da Computação da UFSC, coordenador do Programa de Pós-graduação em Ciência da Computação da UFSC, coordenador de vários cursos de pós-graduação *lato sensu* da UFSC, membro da Câmara de Pesquisa da UFSC, criador e editor da *Revista Brasileira de Informática na Educação* da SBC e membro da Comissão Assessora de Avaliação do ENADE no Ministério da Educação.

Coordenou vários eventos científicos no Brasil e no exterior, incluindo o Congresso da SBC (2002) e o IFIP World Conference on Computers in Education (2009). Foi presidente de comitês de programa de eventos científicos no Brasil e no exterior, membro de comitês de programas de mais de 200 eventos científicos, membro de comitê de revisores de periódicos científicos, orientador de dezenas de dissertações de mestrado, teses de doutorado, monografias de especialização e trabalhos de conclusão de curso de graduação, membro de mais de uma centena de bancas de mestrado, doutorado, especialização e graduação em várias universidades brasileiras.

Conta com mais de uma centena de publicações em periódicos e eventos científicos e é autor dos seguintes livros:

- *Object-oriented analysis and design for information systems*: modeling with UML, OCL and IFML (Morgan Kaufman, 2014), publicado no Brasil como *Análise e design orientados a objetos para sistemas de informação*: modelagem com UML, OCL e IFML (Elsevier, 3ª edição, 2015).
- *Metodologia de pesquisa para Ciência da Computação* (LTC, 3ª edição, 2020).
- *Engenharia de software*: conceitos e práticas (Elsevier, 2ª edição, 2019).
- *História da Computação* (Elsevier, 2016).
- *Introdução a algoritmos e programação com Python*: uma abordagem dirigida por testes (Elsevier, 2018).

Foi coordenador de vários projetos de pesquisa e extensão, com intensa atividade de consultoria em engenharia de software. Atualmente atua como coordenador geral do Laboratório Bridge da UFSC (www.bridge.ufsc.br), desenvolvendo software público para a área de saúde, e é pesquisador com Bolsa de Produtividade em Desenvolvimento Tecnológico e Extensão Inovadora pelo CNPq. Recebeu o título de *Honoris Causa* pelo Centro de Instrução de Guerra Eletrônica do Exército Brasileiro (CIGE), além de outros prêmios.

Entre outras disciplinas, lecionou Metodologia da Pesquisa em Ciência da Computação, no Programa de Pós-graduação em Ciência da Computação, de 2003 a 2012, de onde surgiu a inspiração para escrever este livro.

# Prefácio

Este livro se destina, principalmente, aos alunos de cursos de Ciência da Computação, seja na graduação, seja na especialização, no mestrado ou no doutorado, que vão realizar um trabalho científico escrito na forma de monografia, dissertação ou tese.

Aqueles que, como eu, sentiram-se perdidos durante o curso em relação ao que é o trabalho de pesquisa em Ciência da Computação poderão encontrar algumas informações valiosas neste livro e, portanto, diminuir um pouco a "tensão da tese", ou seja, a sensação de angústia que quase invariavelmente atinge os alunos que precisam escrever um trabalho científico.

O aluno de Computação que tenha lido livros de metodologia científica de outras áreas já deve ter percebido que nem sempre os autores falam a linguagem que nós entendemos. Nem sempre os métodos de pesquisa de outras áreas se aplicam à Computação, devido às características especiais dessa ciência, que permeia praticamente todas as outras atividades humanas.

Este livro, então, procura apresentar conceitos de ciência que sejam compreensíveis ao aluno de Computação. Em especial, são apresentadas histórias informativas e dicas baseadas na experiência do autor em quase 30 anos de orientação e elaboração de trabalhos científicos.

Praia dos Ingleses, Florianópolis, 6 de fevereiro de 2009

(Um belo dia de sol!)

(Revisado em 19 de maio de 2020, em plena pandemia)

# Sumário

# Material Suplementar

Este livro conta com o seguinte material suplementar:

**Para docentes:**

- Ilustrações da obra em formato de apresentação em (.pdf) (restrito a docentes cadastrados).

O acesso ao material suplementar é gratuito. Basta que o leitor se cadastre, faça seu *login* em nosso *site* (www.grupogen.com.br) e, após, clique em Ambiente de aprendizagem.

*O acesso ao material suplementar online fica disponível até seis meses após a edição do livro ser retirada do mercado.*

Caso haja alguma mudança no sistema ou dificuldade de acesso, entre em contato conosco (gendigital@grupogen.com.br).

# 1

# Introdução

Era uma vez um aluno de mestrado que queria fazer uma monografia.[1] Ele pensou um pouco sobre o assunto, olhou ao redor e resolveu que havia um problema relevante em sua cidade que ele poderia resolver durante o mestrado. O problema era o seguinte: um rio cortava a cidade ao meio e não havia forma segura de atravessá-lo.

Disposto a resolver o problema, o aluno conseguiu convencer seu orientador de que teriam material para uma monografia e começou a trabalhar. Primeiramente, estudou tudo o que podia sobre rios. À medida que estudava, foi escrevendo um capítulo de revisão bibliográfica. Escreveu sobre água, citou a criação dos oceanos de acordo com o *Gênesis*, escreveu sobre a molécula de água e seus componentes, o hidrogênio e o oxigênio, sobre as diferentes maneiras como os rios desembocam no oceano (incluindo um estudo detalhado sobre os mais importantes deltas do mundo e sua história) e, finalmente, concluiu com um pequeno tratado sobre a maneira como a gravidade atrai as moléculas de água para o centro da Terra, produzindo, assim, a correnteza dos rios.

Encerrada essa parte da pesquisa, o aluno deparou-se com o problema em si, que era a inexistência de um meio para cruzar o rio. Pensando um pouco sobre o assunto, ele se lembrou de um instrumento sobre o qual já tinha ouvido falar e que servia para levar objetos de um ponto *A* para um ponto *B*. Esse instrumento era a catapulta.

Escolhida a ferramenta de trabalho, o aluno passou a planejar os experimentos. Inicialmente, transportou cem indivíduos de um lado ao outro do rio usando a catapulta. Desses indivíduos, 95 não sobreviveram ao experimento. O aluno concluiu que a eficácia do instrumento era, portanto, de apenas 5 % e que haveria grandes possibilidades de melhoria. Portanto, o tema era promissor.

[1] No Brasil, diz-se "dissertação" de mestrado e "tese" de doutorado. Em outros países usam-se os termos indistintamente ou até com significados diferentes. Neste livro, o trabalho individual para obtenção de um grau, seja graduação, especialização, mestrado ou doutorado, será denominado "monografia", para simplificar o texto.

Como segundo experimento, o aluno entregou um paraquedas a cada uma de suas cobaias e fez o teste com mais cem indivíduos. Observou então o seguinte: cerca de 20 % dos indivíduos se assustavam durante a travessia e abriam o paraquedas antes da hora, caindo dentro do rio e sendo arrastados pela correnteza; cerca de 30 % dos indivíduos se assustavam durante a travessia e esqueciam-se de abrir o paraquedas, sofrendo as consequências da queda na outra margem. Habilmente, o aluno concluiu que houve uma melhoria no experimento, pois o índice de sucesso passou de 5 % para aproximadamente 50 %, o que é uma melhoria substancial.

Não satisfeito, o aluno resolveu testar outra abordagem para melhorar o sistema. Eliminou o uso do paraquedas, que causava pelo menos 20 % de perda sobre o rio, e instalou um colchão de ar na margem oposta. Realizou um novo teste com mais indivíduos e verificou que em 95 % das vezes os indivíduos sobreviviam à travessia, sendo que apenas 5 % dos casos aterrissaram fora do colchão de ar.

Nesse momento, já satisfeito com os resultados, o aluno encerrou os experimentos (até porque estava ficando difícil encontrar voluntários). Como trabalho futuro, ele já havia pensado em propor um algoritmo de cálculo da velocidade da catapulta com base no peso do passageiro e no seu índice de pânico, com vistas a diminuir ainda mais a taxa de erro observada. Ele não iria programar esse algoritmo porque não teria tempo. Então, deixou isso como trabalho futuro para outro fazer. Escreveu, portanto, o capítulo do desenvolvimento e entregou o texto para o orientador, sendo que só faltava escrever as conclusões e o resumo. O aluno foi reprovado.

Por incrível que pareça, exageros à parte, a história contada corresponde à de muitas monografias em Ciência da Computação. Ao longo deste livro tentar-se-á mostrar por que o aluno foi reprovado.

Apesar de seu trabalho ter ares de ciência, ele pecou em vários aspectos no que concerne ao seu comportamento e à metodologia científica. Apenas para citar alguns exemplos:

- Desde o momento da definição do tema até a conclusão dos experimentos, ele não voltou a entrar em contato com o orientador, que poderia tê-lo redirecionado.
- Não realizou uma revisão bibliográfica adequada, pois estudou muita coisa sobre rios, mas não sobre as formas que já existiam para cruzá-los, como, por exemplo, pontes, barcos, teleféricos etc. Por ter feito uma revisão bibliográfica inadequada, ele seguiu na crença de que era a primeira pessoa no mundo a tentar resolver esse tipo de problema.
- Ele escolheu uma ferramenta *a priori* e começou a trabalhar com ela sem uma justificativa adequada para ter eliminado outras ferramentas candidatas. Assim, em vez de ter como objetivo achar uma forma de cruzar um rio, seu propósito era achar uma forma de cruzar um rio *com uma catapulta*.
- Seus resultados consistiram na comparação do seu trabalho com o seu próprio trabalho, ou seja, não há comparação com trabalhos correlatos de outros autores. Catapulta é melhor do que ponte?
- O aluno escolheu como problema-alvo uma dificuldade que ele observou apenas na sua cidade. Problemas locais nem sempre são problemas para todo mundo,

pois já podem ter soluções prontas, bastando aplicá-las. Soluções locais nem sempre podem ser generalizadas.

- Mesmo que ele tivesse obtido 100 % de sucesso, ainda não seria suficiente para uma dissertação de mestrado, porque espera-se que, no mestrado, pelo menos uma *questão de pesquisa* seja respondida. Ele não formulou nenhuma questão, apenas desenvolveu tecnologia (duvidosa) para cruzar um rio.

Isso sem falar que, se este caso fosse verdadeiro, ele teria problemas seríssimos com o comitê de ética da sua universidade e possivelmente com a polícia.

Este livro tem como objetivo apresentar aos estudantes de Ciência da Computação e áreas correlatas teoria e técnicas para a execução de bons trabalhos científicos, no nível de exigência adequado aos cursos de graduação, especialização, mestrado e doutorado. Casos semelhantes ao citado já aconteceram muitas vezes, mas podem ser evitados com alguma orientação.

A propósito, nenhuma pessoa ou animal foi ferido pelo autor deste livro enquanto ele escrevia a história da catapulta. Pelo menos não que ele tivesse conhecimento, já que a ciência o leva a não crer em verdades absolutas (ele poderia ter esmagado uma formiga sob a mesa sem perceber).

# 2

# Computação e Classificação das Ciências

A Computação ora é classificada entre as ciências exatas, ora entre as Engenharias, mas algumas de suas subáreas são muito próximas das ciências sociais e humanas. Anais de eventos em subáreas distintas são tão diferentes entre si que, por vezes, um membro de uma subárea tem dificuldade em entender o jargão ou mesmo a metodologia da outra subárea. Ciência exata ou inexata, *hard* ou *soft*, empírica ou formal. Este capítulo analisa a Computação à luz das classificações das ciências, visando esclarecer os seus praticantes sobre a riqueza e a variedade dessa área de pesquisa.

Este capítulo é uma reflexão, não existindo a pretensão de que este seja um estudo completo e definitivo sobre o assunto. O objetivo é explorar e levantar questões, e refletir sobre elas mais do que respondê-las.

## 2.1 Ciência e suas Classificações

Pode-se entender que a *ciência* é o esforço para descobrir e aumentar o conhecimento humano de como a realidade funciona e poderia funcionar. Assim, o termo "ciência" exclui várias atividades humanas como, por exemplo, o desenvolvimento tecnológico, já que este não necessariamente busca explicações, mas sim soluções.

Uma das ferramentas usuais dos cientistas é a *análise*, por meio da qual o universo pode ser dividido e, dessa forma, suas partes explicadas de forma mais compreensível. Assim, face à variedade de abordagens, várias classificações das ciências foram produzidas na tentativa de melhor entender seus métodos e objetivos. Este capítulo aborda algumas dessas classificações e procura mostrar quais subáreas da Computação se encaixam em uma ou outra.

## 2.2 Ciências Formais e Empíricas

Um dos critérios de classificação das ciências mais conhecido é o que distingue as ciências em formais e empíricas (Morris, 1935). Pode-se dizer que as ciências formais estudam as *ideias*, enquanto as ciências empíricas estudam as *coisas*.

As *ciências formais*, então, estudam as ideias independentemente de sua aplicação à natureza ou ao ser humano. Isso não quer dizer que não possam ser aplicadas, e usualmente o são, mas o objeto de estudo dessas ciências está na *forma*, ou seja, nos processos puramente lógicos ou matemáticos.

São citadas entre as ciências formais a Lógica, a Matemática, a Microeconomia, a Estatística e os aspectos formais da Linguística. Entre as subáreas da Computação encontram-se várias que correspondem predominantemente às ciências formais: a teoria dos algoritmos, envolvendo as técnicas de programação, estruturas de dados, complexidade e decidibilidade, a teoria das linguagens formais, utilizada na construção de compiladores, os aspectos formais da inteligência artificial, o cálculo relacional em banco de dados etc.

As *ciências empíricas* são também chamadas, por vezes, de ciências *reais* ou *factuais*. Elas estudam os fenômenos que ocorrem no mundo real e que, portanto, não são meramente formais. De forma obrigatória, devem fazer uso de observações para fundamentar suas descobertas. Nas ciências empíricas, uma teoria bonita que não encontra respaldo em observações não tem nenhum valor.

As ciências empíricas ainda podem ser divididas em dois grupos: aquelas que estudam a natureza, ou *ciências naturais*, e aquelas que estudam o ser humano e suas interações, ou *ciências sociais* (Hempel, 1965).

As *ciências naturais* estudam o universo em seus aspectos que independem da existência ou da ação do ser humano. Entre elas encontram-se a Astronomia, a Física, a Química, a Biologia e as ciências da terra. Os aspectos da Computação relacionados com as ciências naturais usualmente têm relação com o hardware das máquinas que efetuam computações. A eletrônica, os circuitos lógicos, os processadores, enfim, todos os componentes físicos de um computador são estudados como fenômenos naturais. Uma máquina de Turing (Turing, 1937), por exemplo, é um processador ideal, com memória infinita, e é estudada na Teoria da Computação como um artefato formal. Já os processadores reais têm limitações físicas de espaço, velocidade, aquecimento e consumo de energia; assim, são estudados como fenômenos naturais.

As *ciências sociais* estudam os aspectos das relações humanas, ou seja, da vida social dos indivíduos. Entre as ciências sociais encontram-se a Antropologia, a Comunicação, a Economia, a História, a Política, a Psicologia e a Sociologia, entre outras.

As subáreas da Computação mais próximas das ciências sociais são a engenharia de software, a informática na educação, os sistemas de comércio eletrônico, certos aspectos da inteligência artificial, que estuda as interações sociais dos sistemas multiagentes baseando-se em observações do comportamento humano em sociedade etc.

Assim, observa-se que, dada essa forma de classificação das ciências, encontram-se subáreas da Computação em todas elas. Isso sem falar das áreas multidisciplinares, que efetivamente fazem a interação da Computação com outras ciências, como Economia, Medicina, Geografia etc. Existem tanto situações nas quais a Computação é aplicada para promover estudos em outras áreas, como o caso de sistemas de georreferenciamento, quanto situações nas quais conhecimentos de outras áreas são aplicados na Computação, como no caso de redes neurais e algoritmos genéticos, ambos mecanismos computacionais inspirados na Biologia.

A *computação científica*, ou *ciência computacional*, é ainda considerada um terceiro modo de ciência, complementando a teoria e a experimentação. A computação científica baseia-se na construção de modelos matemáticos e sua simulação em computadores para resolver problemas de áreas correlatas, como Física, Química, Biologia etc.

É interessante observar que as ciências formais admitem provas também formais. Dois mais dois são quatro, e isso não muda! Já as ciências empíricas buscam explicações (teorias) que melhor explicam as observações. Por exemplo, por que o céu é azul? Por que as aves migram? Por que um programador em uma equipe ágil produz com mais qualidade? Diferentes respostas podem ser dadas a essas questões, mas dificilmente uma delas será definitiva. As respostas (teorias) são assumidas como válidas enquanto respostas melhores não são encontradas. Neste aspecto, as ciências empíricas estão em constante revisão. E isso faz parte do processo de busca do conhecimento.

## 2.3 Ciências Puras e Aplicadas

Outra classificação das ciências deriva da forma como seus estudos são aplicados. De acordo com essa classificação, existem as ciências puras e as aplicadas (Gregory, 1942).

As *ciências puras*, ou *ciências fundamentais*, estudam os conceitos básicos do conhecimento sem preocupação com sua imediata aplicação. Isso não quer dizer que não sejam ciências empíricas. Podem ser empíricas ou formais. *Puro* aqui significa estar mais interessado nos fundamentos, nas leis que regem os fenômenos físicos ou as ideias. A Cosmologia é considerada uma ciência pura por excelência, já que estuda a formação do Universo sem preocupação explícita com aplicações práticas. Mas a Cosmologia é também uma ciência empírica, porque suas teorias precisam ser validadas pela observação de fenômenos. Em alguns casos, os fenômenos foram observados antes de uma teoria coerente existir, como no caso do movimento das estrelas e dos planetas. Em outros casos, a teoria surgiu antes da observação do fenômeno, como no caso dos buracos-negros, que só foram efetivamente observados décadas depois de terem sido previstos.

Já a Lógica pode também ser considerada uma ciência pura e formal, visto que estuda as relações entre ideias e não entre coisas físicas.

O aspecto de ciência pura da Computação é difícil de identificar, visto que a maioria dos resultados em Computação possui aplicação prática. Então talvez esse aspecto esteja mais ligado à intenção do pesquisador do que a uma subárea específica. Um exemplo claro de pesquisa pura que só veio a produzir aplicações práticas posteriormente foi a Teoria do Caos (Kellert, 1993), que evoluiu a partir de observações de fenômenos obtidos com ferramentas computacionais.

Outra subárea da Computação que apresenta forte característica de ciência pura é o estudo de sistemas multiagentes e também a área conhecida como *matética computacional* (Self, 1995), ou seja, o estudo da aprendizagem humana simulada por computadores. O objetivo dessas subáreas costuma ser entender como os processos sociais ou de aprendizagem ocorrem entre os seres humanos a partir da elaboração e teste de modelos computacionais que incorporam teorias que tentam explicar alguns fenômenos.

As *ciências aplicadas*, por outro lado, visam à realização de descobertas que possam ser imediatamente aplicadas a algum processo industrial ou assemelhado para produzir algum tipo de ganho. As engenharias, em geral, podem ser enquadradas nessa classificação.

A Computação, muitas vezes, é vista como uma disciplina de engenharia. Existe a engenharia de software, a engenharia de computação e a engenharia de computadores, cada qual com um objetivo diferenciado, mas todas têm em comum a produção de conhecimento para aplicação em processos de produção de software, sistemas ou hardware.

A ciência aplicada, muitas vezes, é confundida com a tecnologia. Mas, como será visto adiante, são coisas distintas.

## 2.4 Ciências Exatas e Inexatas

Outra classificação caracteriza as ciências em exatas e inexatas (Helmer e Rescher, 1959). A Ciência da Computação normalmente é classificada entre as ciências exatas, mas algumas subáreas podem ter características totalmente diferentes.

As *ciências exatas* são aquelas cujos resultados são precisos. Suas leis são altamente preditivas e previsíveis. Experimentos podem ser repetidos inúmeras vezes, produzindo o mesmo resultado ou resultados estatisticamente previsíveis. São classificadas entre as ciências exatas a Matemática, por excelência, mas também a Física, a Química e partes de algumas ciências naturais e sociais.

As *ciências inexatas* são aquelas que podem prever comportamentos gerais de seus fenômenos, mas cujos resultados nem sempre são os esperados. Isso usualmente ocorre porque é muito difícil avaliar todos os dados que produzem os resultados. Entre as ciências inexatas podem-se incluir a Meteorologia, a Economia e a maioria das ciências sociais.

A Computação, assim como as outras ciências exatas, também tem aspectos inexatos. Algoritmos genéticos e alguns modelos de redes neurais são capazes de produzir resultados inesperados mesmo quando aplicados repetidamente a um mesmo conjunto de dados.

Técnicas de computação também são aplicadas para realizar previsões em muitas áreas, com resultados nem sempre exatos.

## 2.5 Ciências *hard* e *soft*

Uma classificação, talvez menos conhecida, divide as ciências em *hard* e *soft* (Hedges, 1987). Essa classificação tem relação com o rigor do método utilizado.

As ciências *hard* seriam aquelas que usam rigor científico em suas observações, experimentos e deduções. Quando as ciências *hard* são formais, elas utilizam fortemente a Lógica e a Matemática como ferramentas de construção teórica. Já as ciências *hard* naturais dependem, muitas vezes, de comprovação estatística para dar credibilidade a seus experimentos. A pesquisa médica pode ser classificada nesse sentido como uma ciência *hard* natural, pois exige grande rigor na comprovação de resultados empíricos.

Já as ciências *soft* costumam aceitar evidências baseadas em dados anedotais, ou seja, em estudos de caso. Isso ocorre quando é difícil ou impossível conseguir realizar experimentos totalmente controlados.

Em geral, entende-se a Computação como uma ciência *hard*, mas a realidade, em muitos casos, é que os pesquisadores têm dificuldade de providenciar dados em quantidade suficiente para dar suporte empírico a suas conclusões. Assim é que se veem ainda muitos artigos em Computação que utilizam um ou alguns poucos estudos de caso para tentar "validar" uma técnica, modelo ou teoria. Como visto adiante, o estudo de caso é uma excelente fonte de dados para uma pesquisa exploratória, mas, a não ser no caso de contradição de uma teoria comumente aceita, o estudo de caso não valida a hipótese em estudo.

## 2.6 Ciências Nomotéticas e Idiográficas

A grande maioria das ciências é *nomotética*, visto que essas ciências estudam fenômenos que se repetem e que podem levar à descoberta de leis gerais que permitam fazer previsões.

Mas algumas ciências são *idiográficas*, visto que analisam fenômenos únicos que não se repetem, mas que têm, mesmo assim, validade como campo de estudo (Windelband, 1980).

A História é o grande exemplo de ciência idiográfica, visto que os fatos não se repetem e é extremamente difícil, senão impossível, encontrar padrões suficientemente determinísticos na História que permitam fazer previsões a partir de observações. Na ficção científica, porém, isso já foi previsto (Asimov, 2019).

Em Computação, poucas subáreas são idiográficas. Em especial, o estudo da própria história da Computação e o desenvolvimento de empresas ou determinadas tecnologias, como linguagens, paradigmas e arquiteturas computacionais, podem ser encarados dessa forma.

# 3

# Método Científico

Várias correntes filosóficas influenciaram aquilo que hoje se conhece como ciência. Essas correntes são analisadas neste capítulo.

O *método científico* é particularmente importante em Computação porque, como ciência empírica, ela não pode se ocupar apenas da coleta de dados. A explicação dos dados é muito mais importante.

Não basta, por exemplo, para provar a eficácia de um sistema, aplicá-lo em dois grupos, um de teste (*A*) e um de controle (*B*), e concluir que a média do grupo *A* foi maior do que a média do grupo *B*. Primeiro porque seria necessário demonstrar que a diferença entre as médias não é apenas fruto da casualidade. Certa vez, um aluno aplicou um questionário a cinco pessoas (caso real). Três responderam "sim", e duas, "não". O aluno concluiu que havia uma tendência para o "sim" (60 % de respostas "sim"). Mas que valor tem essa conclusão? Ele poderia publicar os resultados de uma pesquisa de opinião eleitoral, por exemplo, baseando-se em cinco entrevistas?

Mesmo considerando que a diferença entre as duas médias seja significativa, essa constatação pouco valor terá sem uma *teoria* que explique o porquê dessa diferença.

Se um grupo usou um software educacional e outro não, e o grupo do software educacional foi melhor na avaliação, isso prova o quê? Pode ser que o software tenha melhorado a aprendizagem? Sim. Mas também pode ser que os alunos que usaram o software simplesmente tenham estudado mais por vergonha de tirarem notas mais baixas que os outros que não usaram o software. Pode ser também que o grupo que não usou o software se sentiu desprestigiado e se interessou menos pelo assunto. Ou seja, várias explicações podem existir. Cabe ao pesquisador descobrir a mais provável de acordo com o método científico.

## 3.1 Empirismo

Um ditado vem se tornando clássico em Computação: "Teoria é quando o fenômeno é compreendido, mas não funciona; prática é quando funciona, mas não se sabe por quê. Na Computação coexistem a teoria e a prática: nada funciona e não se sabe por quê." Essa prática tem sido um dos significados adotados para o termo "empírico" por desenvolvedores na área de Computação. Não importa por quê, basta que funcione. Se funcionar está certo! Esse ponto de vista pragmático, porém, não corresponde ao significado de "empírico" dado pela ciência. Segundo Kerlinger (1980), "empírico significa guiado pela evidência obtida em pesquisa científica sistemática e controlada".

Assim, por buscar evidências concretas e repetíveis e não apenas opiniões ou superstições, talvez o *empirismo* tenha sido a mais importante de todas as influências ao método científico.

John Locke (1632-1704) é considerado o primeiro filósofo empirista. Ele estabeleceu que toda teoria científica deve ser baseada em observações que podem ser testadas e produzir leis gerais com poder preditivo. Dessa forma, teorias científicas podem ser verificadas à luz da evidência empírica e, quando não explicam adequadamente os fatos observáveis, devem ser refutadas.

É comum encontrar na internet "estudos" que apontam os mais milagrosos e simples remédios caseiros que *a indústria malvada não quer que você conheça*. Mas o fato de uma ou duas pessoas terem tomado suco de limão pela manhã e curado suas enxaquecas não significa que isso seja uma evidência empírica. Assim como um dia extremamente frio no inverno de sua cidade não significa que a média das temperaturas globais não esteja subindo ao longo das décadas. Casos isolados e pontos fora da curva não são evidência científica suficiente para provar leis de causa e efeito, como, por exemplo, de que suco de limão cura enxaqueca, mesmo que tenha funcionado com sua tia.

A Computação, enquanto ciência, fundamenta suas pesquisas no empirismo e não no princípio da autoridade. Em Computação, na maioria das vezes, pouco importa a opinião deste ou daquele expoente, mas as conclusões objetivas obtidas empiricamente.

A falta de empirismo pode levar a conclusões erradas. Na Idade Média, acreditava-se que o homem tinha uma costela a menos do que a mulher, já que a Bíblia relata que a mulher havia sido criada a partir de uma costela do homem. Essa crença poderia ser refutada sem dificuldades caso alguém usasse o empirismo para simplesmente contar a quantidade de costelas em um e outro sexo.

Já Descartes (2004) acreditava que o coração batia porque era o lugar mais quente do corpo, e seu calor inflava o sangue que entrava nele. Essa conclusão, obtida com alguma reflexão, mas pouca evidência empírica, não serve para mais nada hoje, pelo menos na área da Medicina.

O empirismo é importante para a ciência, portanto, porque é uma maneira sensata de olhar o mundo. Não basta acreditar em sua intuição ou nas palavras dos mestres. É preciso verificar objetivamente se o fenômeno descrito de fato é verdadeiro. Algumas teorias modernas e antigas, exploradas em geral por algum guru, são consideradas *pseudociências* porque as suas explicações não encontram respaldo empírico. Exemplos de pseudociências são a parapsicologia, a astrologia, a ufologia, a numerologia, a teoria da terra plana, a homeopatia, entre outras.

Um aluno escreveu logo no início de seu artigo: "A maioria dos programadores não gosta de usar UML." Mas isso tem base empírica ou é apenas uma *sensação* dele? Será verdade? Quem disse? Como ele observou esse fato? Essa simples informação pode até ser verdadeira, mas quais são os dados empíricos que fundamentam a afirmação? De onde vêm os números? Sem isso, trata-se apenas de uma opinião pessoal dele.

Essas dúvidas são importantes para o cientista que quer realmente entender os fenômenos e descobrir novos conhecimentos. Se os médicos atualmente continuassem acreditando que o coração bate porque aquece o sangue, baseados na afirmação de Descartes, pouquíssimos avanços da Medicina teriam sido alcançados. Duvidar das conclusões de outros cientistas e duvidar do próprio senso comum, muitas vezes, é a chave para grandes descobertas.

## 3.2 Positivismo

O *positivismo* propõe que a ciência deva se basear apenas em valores humanos, deixando a teologia, o misticismo e a metafísica em outra esfera que não deve interferir nas observações e teorias científicas.

Auguste Comte (1798-1857) é considerado o fundador da Sociologia e do positivismo. Segundo ele, a ciência não nega peremptoriamente a maioria das crenças populares, sejam religiosas ou não. Mas, enquanto tais crenças não forem testadas pelo método científico, a ciência nada pode afirmar sobre elas. Ou seja, a ciência não provou ainda que anjos existem, mas também não provou que não existem. Então ela nada afirma sobre eles.

Por outro lado, o positivismo frequentemente leva ao *reducionismo*, isto é, à crença de que um fenômeno pode ser dividido em seus componentes, e estes estudados individualmente em condições controladas. Com frequência, isso poderá ser o caso. Mas em algumas situações é difícil remover um fenômeno de seu contexto e analisá-lo em situação controlada de laboratório. Por exemplo, em qualidade de software, podem-se facilmente analisar as qualidades internas e externas em ambiente de laboratório. Exemplos dessas qualidades são manutenibilidade, testabilidade, eficiência de tempo, usabilidade, entre outros. Mas as qualidades do software *em uso*, segundo a Norma ISO 25010, só podem ser avaliadas com o produto sendo usado em seu ambiente real. A avaliação de uma dessas qualidades, por exemplo, exige que se verifique se o software está produzindo lucro, reduzindo despesas ou mitigando riscos para a organização onde ele é usado. Como avaliar isso em um ambiente controlado de laboratório?

Assim, o positivismo pode ser aplicado em estudos científicos desde que se tenha convicção de que o fenômeno pode ser estudado isolado de seu contexto. Caso contrário, outros princípios, ainda a serem comentados, poderão se fazer necessários.

## 3.3 Pragmatismo

O *pragmatismo* é uma corrente filosófica que se contrapõe ao *realismo científico*. Os realistas defendem que a ciência de fato descreve a *realidade*. Já os pragmáticos assumem que não é possível saber exatamente o que é a realidade e que, assim, a ciência explica apenas os fenômenos observados, e suas previsões são consistentes e úteis. John Dewey (1859-1952) foi um filósofo com grande influência no pensamento pragmático.

Uma coisa que a maioria dos cientistas empíricos não admite é o *conhecimento absoluto*. Toda teoria, toda explicação relacionada com os fenômenos observados, é sempre aceita por ser coerente com estes últimos. Mas toda teoria está sujeita a ser contradita ou refutada por observações novas que não sejam coerentes com ela. Até as explicações mais fundamentais podem ser refutadas caso não sejam coerentes com as observações empíricas. Isso porque a ciência, de acordo com o pragmatismo, não faz declarações sobre a natureza como ela é, mas sobre nossas observações a respeito da natureza.

Um cientista deve estar sempre atento aos resultados de suas observações. Em Computação, como em outras áreas, encontrar fenômenos que não se encaixam nas explicações correntemente aceitas pode ser a chave para grandes descobertas.

Para um pragmático, o conhecimento é julgado em função da sua utilidade. Ou seja, a verdade científica consiste naquilo que na prática está funcionando e serve a algum propósito. Assim, o pragmatismo também pode levar ao *relativismo*, já que uma coisa que é útil para uma pessoa pode não o ser para outra.

## 3.4 Objetividade

Outra característica patente do método científico é a *objetividade*, ou seja, a possibilidade de que duas pessoas quaisquer com nível aceitável de competência possam chegar às mesmas conclusões ao analisarem os dados.

O critério de objetividade deixa de lado, então, as *opiniões* em ciência porque opiniões são subjetivas e dependem da experiência, do caráter e da motivação das pessoas que as emitem. Por exemplo, um programador poderia afirmar que a programação funcional é melhor do que a programação imperativa. Mas, sem uma medida objetiva que defina quantitativamente o que significa ser "melhor", essa opinião poderia ser contestada por outros programadores. O embate de opiniões até pode ser saudável, mas dificilmente se faz ciência com questões subjetivas, como julgamento ou preferências.

A Computação também não fundamenta suas pesquisas no princípio da autoridade. Por isso, talvez, artigos publicados em Computação fazem pouco uso de citações de opiniões de autoridades clássicas. Isso é mais frequente na área do Direito. Usualmente, artigos em Computação apresentam conceitos obtidos na literatura, trabalhos correlatos, entre os mais recentes, e um trabalho objetivo, empiricamente avaliado.

Além disso, um princípio muito saudável em pesquisa é que se façam *leituras críticas*, mesmo dos trabalhos mais consagrados. Uma leitura com o único objetivo de aprender pode ser positiva, mas uma leitura crítica, na qual se duvida, a princípio, daquilo que o autor afirma, pode gerar muito mais ideias de pesquisa.

Segundo Kerlinger (1980), "a condição principal para satisfazer o critério de objetividade é, idealmente, que quaisquer observadores com um mínimo de competência concordem com seus resultados".

Os experimentos e as observações no trabalho científico devem, então, ser tratados de forma objetiva. Qualquer observação ou grandeza que se queira avaliar deve ser definida de forma que leituras possam ser feitas independentemente do observador que as toma. Por exemplo, o pesquisador poderia dizer que um sistema é "fácil de usar" se determinado conjunto de tarefas predefinido puder ser executado por um usuário com determinado grau de treinamento dentro de um período predeterminado. A objetividade do conceito passa a ser então a pertinência a um conjunto discreto.

Ainda é possível definir um fenômeno objetivamente, mas de forma difusa, isto é, em vez de trabalhar com apenas duas categorias como "fácil" ou "difícil", trabalha-se com um grau de dificuldade inerente. Novamente, a definição objetiva deve considerar uma medição que possa ser realizada de forma independente por diferentes observadores e ainda assim chegar aos mesmos resultados. Elaborando sobre o exemplo anterior, então, seria possível definir o grau de dificuldade como o tempo médio que usuários com determinado grau de treinamento levam para realizar um conjunto de tarefas previamente definido usando a ferramenta. Nesse caso, diversas medições chegarão a valores objetivos, e comparações poderão ser feitas entre os sistemas.

Porém, ter uma definição objetiva de um fenômeno não é suficiente para produzir um trabalho de qualidade. É necessário observar ainda a qualidade da própria definição. Ou seja, poderá haver pesquisadores que não concordem que o tempo médio para realizar um conjunto de tarefas seja uma boa definição para a "facilidade de uso". Levando o caso a um extremo para melhor compreensão, se um pesquisador definisse que um sistema é fácil de usar apenas baseado na sua opinião subjetiva, essa definição dificilmente será aceita.

Então, para trabalhar com observações de fenômenos, o pesquisador deve definir de maneira objetiva o fenômeno que vai observar e convencer os demais de que essa definição é razoavelmente intuitiva, mas em especial útil, para chegar a algum resultado.

## 3.5 Indução

O método científico também apresenta como um de seus princípios que uma situação que se sustenta em todos os casos observados se sustenta em todos os casos, até prova em contrário. Isso é conhecido como *princípio da indução* (Vickers, 2006).

Não há motivos, *a priori*, para acreditar que leis induzidas a partir de repetidas observações tenham exceções, a não ser que essa exceção seja efetivamente observada ou que algum outro conhecimento possa apontar a possibilidade de sua existência. Por exemplo, como nunca foram observados cavalos voadores (pelo menos por fontes fidedignas) nem existem conhecimentos que poderiam indicar sua existência, não há motivos para acreditar que eles existam.

Isso não quer dizer que, se uma pessoa só viu cisnes brancos, não existam cisnes negros. Essa pessoa poderá aceitar inicialmente o fato de que todos os cisnes são brancos, mas se tiver contato com um cisne negro ela deverá imediatamente abandonar essa teoria.

Assim, a *indução natural* só pode ser aplicada como princípio científico quando for efetivamente coerente com outros conhecimentos e observações feitas.

Em Computação, como nas ciências formais, a *indução matemática* (Pascal, 1665) é muito usada. Nesse caso, a prova é formal. Quando se deseja demonstrar que um conjunto virtualmente infinito de objetos apresenta certa propriedade, pode-se fazer isso por indução matemática, desde que se consiga definir uma regra que permita gerar todos os elementos do conjunto. Nesse caso, deve-se provar que a propriedade vale para um elemento inicial (que não é gerado a partir de outros) e também deve-se provar que a regra de geração preserva a propriedade, ou seja, se um elemento $n$ apresenta a propriedade, então o elemento $n + 1$, gerado pela regra, também vai necessariamente apresentar a propriedade. Se essas duas provas forem realizadas, pode-se concluir formalmente que todos os elementos apresentam a propriedade.

Dependendo da propriedade avaliada, porém, deve-se tomar certo cuidado, pois algumas delas são *difusas* (Zadeh, 1965). Por exemplo, pode-se admitir que uma criança recém-nascida seja jovem. Se uma pessoa é jovem, admite-se que somar um dia à sua idade não fará com que ela deixe de ser jovem. Assim, conclui-se que as pessoas de qualquer idade são jovens. A falha desse raciocínio está na definição de "ser jovem", que é difusa, ou seja, a cada dia acrescentado ela fica um pouquinho menos jovem.

A *indução estrutural* (Burstall, 1969) é um caso mais geral, do qual a indução matemática é um caso particular. A indução estrutural é necessária quando existe mais de uma regra para formar os elementos.

Esse princípio pode ser aplicado, entre outras coisas, em especificação formal de software. Se um objeto é criado de forma consistente com sua especificação e se as operações que alteram esse objeto preservam sua especificação, o objeto sempre estará consistente.

## 3.6 Refutação

O princípio da *refutação* (Popper, 1959) ou *contradição* de uma teoria estabelece que qualquer teoria científica que procura explicar fatos observáveis está sempre aberta para ser invalidada, caso não seja capaz de explicar novos observáveis.

Um estudo de caso, enquanto pesquisa exploratória, por exemplo, não pode provar uma regra geral, mas pode provar que uma regra geral comumente aceita não é totalmente válida. Isso acontece se o estudo de caso aponta alguma situação na qual a regra não apresenta o resultado esperado. Em especial, o estudo de caso já deverá ter de antemão alguma hipótese a ser analisada, para que o pesquisador o realize com um objetivo em mente.

O fato de se encontrarem novos observáveis inexplicados pela lei geral não significa necessariamente que a lei deva ser descartada de forma integral. Por exemplo, apesar da Teoria da Relatividade, a física de Newton ainda explica muito bem os fenômenos que ocorrem na superfície da Terra. Assim, quando novos observáveis contradizem uma teoria, pode-se tanto descartar a teoria original, substituindo-a por outra totalmente nova, quanto diferenciar a teoria original em duas teorias com aplicações em subcasos específicos.

## 3.7 Coerentismo

O princípio do *coerentismo* (Joachim, 1906) está altamente ligado com a filosofia do pragmatismo. Então, em nenhum momento o cientista vai afirmar que sua teoria explica a realidade. Ele só pode afirmar que sua teoria é coerente com as observações e que, pelo princípio da indução, na falta de refutação essa teoria pode ser aceita como explicação.

O Coerentismo evita o *problema do critério* de Descartes (2004), pelo qual qualquer afirmação precisa ser justificada com base em outras afirmações, levando a uma regressão infinita. Com o coerentismo, o que se espera não é que cada afirmação tenha uma explicação, mas que ela seja coerente com um sistema de conhecimentos previamente aceito.

## 3.8 Lâmina de Occam

Uma questão que ficaria sem resposta sem o princípio da *lâmina de Occam* (Ockham, 1495) é o fato de que qualquer conjunto finito de observáveis pode ter infinitas teorias explicativas, em especial se as variações entre as teorias não puderem ser testadas empiricamente de imediato. Por exemplo, a teoria que diz que a aceleração da gravidade é de cerca de 9,8 $m/s^2$ pode ter infinitas variações se forem introduzidas adições como "exceto em 10 de janeiro de 2070, quando será de 9,6 $m/s^2$". Como não é possível testar essa teoria antes de 2070, tanto ela quanto a lei mais comumente aceita seriam explicações igualmente plausíveis.

Mas o princípio da lâmina de Occam diz que, no caso de várias teorias que explicam as mesmas observações, deve-se preferir a mais simples dentre elas. A afirmação original de W. Ockham teria sido: "*Numquam ponenda est pluralitas sine necessitate*", ou seja, nunca use mais do que for realmente necessário. No exemplo anterior, a teoria alternativa não pode ser testada antes de 2070, mas a adição que ela coloca na teoria geral é gratuita e não tem fundamento em nenhuma explicação ou causa plausível. Além disso, ela não é coerente com as observações e o conhecimento geral sobre o funcionamento da gravidade.

Sem uma regra como a lâmina de Occam, não seria possível fazer ciência. Porém, algumas vezes, essa regra pode ser mal-usada. Ela não diz que a explicação mais simples sempre é preferível. Na verdade, a explicação mais simples *dentre aquelas que efetivamente explicam os observáveis* deve ser preferida em detrimento de outras.

## 3.9 Construtivismo

Outra corrente de pensamento que influencia a pesquisa científica é o *construtivismo*. O construtivismo procura ir além do reducionismo e do positivismo, afirmando que não só as verdades científicas elaboradas, mas todos os significados em geral, são construídos de forma coletiva pela Humanidade. Assim, experimentos de laboratório em condições controladas poderão não representar todas as nuances e complexidade do mundo real.

Pesquisadores com convicções construtivistas dificilmente farão experimentos reducionistas controlados; eles vão preferir a pesquisa-ação ou a etnográfica ou, ainda, os estudos de caso para construir suas teorias.

Visto que observações individuais e interações sociais contam muito para o construtivismo, os pesquisadores frequentemente estarão mais interessados em descobrir *teorias locais* do que teorias gerais, ou seja, diferentes indivíduos poderão atribuir diferentes significados aos mesmos fenômenos, visto que os fenômenos precisam se encaixar às suas teorias locais ou particulares.

Embora algumas ideias construtivistas já tivessem sido propostas por filósofos desde a Grécia Antiga, o termo só passa a ter o significado que hoje atribuímos a partir da obra de Jean Piaget (1896-1980).

# 4

# Tipos de Pesquisa

O termo "pesquisa" pode referir-se a diversas atividades humanas, que vão desde a realização de pesquisas eleitorais até a pesquisa científica que busca aumentar o conhecimento humano sobre como o mundo funciona ou poderia funcionar.

A pesquisa, no contexto científico, pode ser classificada de acordo com diferentes critérios. Nem sempre um trabalho de pesquisa limita-se a um único tipo. Além disso, alguns tipos de pesquisa podem ser a base para outros.

Neste capítulo a pesquisa científica é caracterizada em relação à sua *natureza*, aos *objetivos* e aos *procedimentos técnicos*. Além disso, o final do capítulo apresenta uma discussão sobre as diferenças entre ciência e tecnologia e suas interligações.

## 4.1 Quanto à Natureza

Quanto à *natureza da pesquisa*, ela pode ser diferenciada em primária, secundária e terciária.

A *pesquisa primária* busca apresentar conhecimento novo a partir de observações e teorias construídas para explicá-las. Assume-se a nova informação como relevante quando ela tem implicação na forma como se entendem os processos e sistemas ou quando tem implicação prática na sua realização. Assim, a pesquisa primária ou original consiste na realização de experimentos, entrevistas, observações etc. para que alguma informação nova seja descoberta.

Já a pesquisa *secundária* ou *bibliográfica* busca obter informações apenas em trabalhos já publicados. Há pelo menos duas formas usuais de pesquisa secundária: o mapeamento sistemático da literatura e a revisão sistemática da literatura. O principal objetivo do mapeamento, usualmente, é aumentar a compreensão sobre uma área de conhecimento, oferecendo um panorama da pesquisa, indicando sua evolução e estado atual. Já a revisão sistemática tem objetivos mais pontuais, procurando responder a questões de pesquisa com dados e resultados de trabalhos publicados.

Em geral, recomenda-se que uma pesquisa primária seja precedida pelo menos de um mapeamento sistemático, mas também eventualmente por uma revisão sistemática. Isso ajudaria o pesquisador a formular boas questões de pesquisa e a saber se suas questões eventualmente já não estão respondidas na literatura. Essas duas formas de pesquisa secundária são abordadas com mais profundidade no Capítulo 7.

Quando determinada área de conhecimento já conta com um número significativo de pesquisas secundárias publicadas, é possível ainda partir para a *pesquisa terciária*, ou seja, uma revisão sistemática sobre revisões sistemáticas.

Tanto a pesquisa primária quanto a secundária e a terciária só são interessantes se efetivamente respondem a alguma questão de pesquisa. Realizar um mapeamento de literatura apenas para produzir gráficos estatísticos sem nenhuma conclusão terá pouco valor. O Capítulo 8 aborda em mais detalhes a elaboração de boas questões de pesquisa.

## 4.2 Quanto aos Objetivos

Em relação aos *objetivos*, a pesquisa pode ser exploratória, descritiva, explicativa ou de *design*.

A *pesquisa exploratória* é aquela em que o autor não tem necessariamente uma hipótese ou objetivo definido em mente. Ela pode ser considerada, muitas vezes, o primeiro estágio de um processo de pesquisa mais longo. Na pesquisa exploratória, o autor vai examinar um conjunto de fenômenos, buscando anomalias conhecidas ou não e que possam ser, então, a base para uma pesquisa mais sistemática depois.

A *pesquisa descritiva* é mais objetiva do que a exploratória. Com ela, busca-se obter dados mais consistentes sobre determinada realidade, mas não há ainda interferência do pesquisador ou a tentativa de obter teorias que expliquem os fenômenos. Tenta-se apenas descrever os fatos como eles são ou categorizá-los. A pesquisa descritiva é caracterizada pelo levantamento de dados e pela aplicação de entrevistas e questionários. Assim como a pesquisa exploratória, ela pode ser considerada um passo prévio para encontrar fenômenos não explicados pelas teorias vigentes.

A *pesquisa explicativa* é a mais complexa e completa. É a pesquisa científica por excelência porque, além de analisar os dados observados, busca suas causas e explicações, ou seja, os fatores determinantes desses dados.

Enquanto as pesquisas exploratória, descritiva e explicativa procuram entender as coisas como elas são, a *pesquisa de design* ou de projeto é uma tentativa de se determinar como as coisas *poderiam ser*. Por exemplo, um pesquisador não está interessado apenas em saber qual é a melhor ferramenta para realizar determinada atividade, ele quer descobrir como seria a ferramenta ideal, que possivelmente ainda não existe.

## 4.3 Quanto aos Procedimentos Técnicos

Quanto aos procedimentos técnicos, a pesquisa pode ser classificada em bibliográfica, documental, experimental, de levantamento, pesquisa-ação, etnográfica ou estudo de caso, entre outras formas. Além disso, muitas vezes técnicas mistas são aplicadas combinando especialmente a pesquisa bibliográfica com outras formas.

A *pesquisa bibliográfica* implica o estudo de artigos, teses, livros e outras publicações usualmente disponibilizadas por editoras e indexadas. A pesquisa bibliográfica é um passo fundamental e prévio para qualquer trabalho científico.

Esse tipo de pesquisa é realizado em documentos indexados como revistas, anais de congressos, monografias, relatórios técnicos etc.

A *pesquisa documental*, por outro lado, consiste na análise de documentos ou dados que não foram ainda sistematizados e publicados. Podem-se examinar relatórios de empresas, arquivos obtidos em órgãos públicos, bancos de dados, correspondências etc. Ou seja, a pesquisa documental busca encontrar informações e padrões em documentos ainda não tratados sistematicamente. Pesquisar por padrões em documentos de requisitos elaborados por empresas de desenvolvimento de software seria um exemplo de pesquisa documental em Computação.

A *pesquisa experimental* caracteriza-se pela manipulação de um aspecto da realidade pelo pesquisador. O pesquisador introduz, por exemplo, uma nova técnica em uma empresa de software e observa se a produtividade aumenta. A pesquisa experimental implica ter uma ou mais variáveis experimentais que podem ser controladas pelo pesquisador (o fato de usar ou não determinada técnica, por exemplo), e uma ou mais variáveis observadas, cuja medição poderá levar, possivelmente, à conclusão de que existe algum tipo de dependência com a variável experimental (por exemplo, avaliar a produtividade dos programadores em pontos de função por dia de trabalho e verificar se a técnica aumenta significativamente esse valor).

A pesquisa experimental deve utilizar rigorosas técnicas de amostragem e testes de hipóteses para que seus resultados sejam estatisticamente aceitáveis e generalizáveis (Barbetta, Reis e Bornia, 2008).

Em algumas áreas da Computação, é difícil realizar pesquisa experimental, seja pela dificuldade em se manipular ou medir as variáveis, seja pelo tempo que as intervenções podem levar. Nesses casos, pode-se fazer *pesquisa de levantamento*, pela qual os dados existentes serão buscados diretamente no ambiente, por meio de observações, medições, questionários e entrevistas. Depois de tabuladas essas informações, podem ser tomadas conclusões sobre causas e efeitos.

Basicamente, a pesquisa *não experimental* ou observacional consiste no estudo de fenômenos sem a intervenção sistemática do pesquisador. Por exemplo, um pesquisador que estude o dia a dia de uma empresa de desenvolvimento de software para detectar ali determinadas práticas previamente catalogadas está fazendo uma pesquisa não experimental, pois ele age apenas observando e tirando conclusões a partir de um arcabouço teórico preconcebido.

Já a pesquisa experimental implica que o pesquisador sistematicamente provocará alterações no ambiente a ser pesquisado, de forma a observar se cada intervenção produz os resultados esperados.

No exemplo anterior, se o pesquisador resolver criar artificialmente situações de estresse dentro da empresa para verificar como os funcionários reagem, ele estará realizando pesquisa experimental. Assim, a pesquisa experimental normalmente está ligada à visão positivista da ciência, na qual a realidade complexa é reduzida a experimentos controlados e replicáveis.

Existem situações em que os aspectos de controle dos experimentos precisam ser relaxados, como, por exemplo, uma situação em que, ao invés de selecionar os objetos aleatoriamente, eles são selecionados por conveniência ou proximidade, como no caso de experimentar com alunos voluntários da universidade local. Neste caso, pode-se dizer que se trata de um *quase experimento*.

A *pesquisa de levantamento* é feita usualmente com a aplicação de questionários a um grupo de pessoas para que se possa conhecer melhor suas opiniões e observações sobre determinado tópico. Ela pode ser usada, por exemplo, para descobrir quais técnicas e ferramentas têm sido usadas na indústria ou na academia e como essas técnicas e ferramentas são avaliadas por esses usuários.

O maior desafio para a pesquisa de levantamento é em relação ao viés da amostra. Se o pesquisador quer saber como os usuários avaliam, por exemplo, ferramentas da empresa X e faz essa pesquisa com os funcionários da empresa X, provavelmente vai obter respostas com um viés mais positivo do que se fizesse a pesquisa em outras empresas sem relação com X. Este pode ser um caso extremo, mas outros mais sutis não são menos problemáticos em relação a viés.

A *pesquisa-ação* (Lewin, 1946) é menos comum em Computação, mas é possível. Nela o pesquisador interage com os pesquisados, envolvendo-se no trabalho de pesquisa de forma participativa, buscando determinado resultado.

A pesquisa-ação geralmente foca o *design*, ou seja, ela não é feita apenas para descobrir como o mundo é, mas as intervenções possíveis para resolver problemas ainda não resolvidos.

A pesquisa-ação demanda a existência de um *problem owner*, ou seja, o "dono" de um problema. Essa pessoa vai se engajar na pesquisa com o objetivo de resolver o problema. Deve-se avaliar se o problema é relevante e se já não possui solução conhecida. Por exemplo, uma empresa que entrega produtos de software cheios de *bugs* tem um problema. Mas não é necessariamente um problema de pesquisa porque é possível que a implementação de boas práticas como teste automatizado, controle de versão, integrações frequentes e entregas rápidas poderia resolver os problemas atuais da empresa. Assim, nenhum novo conhecimento seria gerado. Por outro lado, uma empresa que tenha aplicado muitas das boas práticas conhecidas e ainda assim enfrenta problemas pode ser um caso interessante a ser estudado: quais as causas desses problemas que ainda persistem e que não são conhecidas?

A *pesquisa etnográfica* ocorre quando o pesquisador efetivamente mergulha em um grupo social para observar seus comportamentos. Ela é fortemente associada à corrente do construtivismo. Por exemplo, um pesquisador poderia ter observado em uma empresa que diferentes equipes ágeis usam diversas ferramentas de *bug report*.

Uma pesquisa etnográfica poderia ser feita, neste caso, para verificar se as equipes efetivamente têm necessidades diferentes que são atendidas por ferramentas distintas ou se suas necessidades convergem, e também assim elas poderiam convergir para uma ferramenta ideal. Para chegar a uma dessas conclusões, o processo poderia então incluir um período de observação do trabalho das diferentes equipes enquanto se coletam dados sobre as atividades de *bug report* e eventuais dificuldades enfrentadas.

Um caso especial de pesquisa etnográfica é a *participação observacional* na qual o pesquisador não apenas observa de fora, mas efetivamente entra para a equipe e passa a realizar as atividades em conjunto com os outros membros. Neste caso, porém, o pesquisador deve ter as habilidades necessárias para atuar na equipe.

O *estudo de caso* é uma técnica muito usada em Computação, embora muita confusão ainda exista em relação a ela. Em primeiro lugar, convém mencionar que existem dois tipos básicos de estudos de caso: o exploratório e o confirmatório.

No estudo de caso *exploratório*, o pesquisador vai estudar em profundidade alguma situação, como o funcionamento de uma equipe ágil, para observar problemas e comportamentos e possivelmente elaborar hipóteses para um estudo posterior.

Já o estudo de caso *confirmatório*, ou prova de conceito, é feito para mostrar que na prática determinada teoria efetivamente se confirma. O estudo de caso confirmatório é bem mais útil para refutar do que para confirmar teorias, pois basta um caso em que a teoria não funcione para que ela precise ser reformulada. Já um estudo de caso em que a teoria funciona, embora seja uma evidência de validade, não é necessariamente uma *prova* de validade.

Uma vantagem dos estudos de caso em relação aos experimentos é que eles sofrem menos com a questão do reducionismo, já que nestes casos o pesquisador efetivamente observa o fenômeno ocorrendo em campo.

Pode-se falar ainda em abordagens mistas para pesquisa, combinando duas ou mais das técnicas vistas nesta seção. Uma técnica muito popular é a *triangulação* na qual o pesquisador vai buscar evidências a partir de diferentes técnicas. Por exemplo, um pesquisador interessado em entender problemas na cultura ágil em determinada organização pode realizar uma pesquisa de levantamento (entrevistas) com os desenvolvedores e depois realizar uma pesquisa etnográfica para verificar se no dia a dia as respostas dadas efetivamente correspondem à realidade.

## 4.4 Ciência e Tecnologia

Em Computação, os termos *ciência* e *tecnologia* quase sempre andam tão juntos que muitas pessoas têm dificuldade em distingui-los. Porém, a ciência é a busca do conhecimento e das explicações. A ciência constrói teorias para explicar os fatos observados. Já a tecnologia é a aplicação dos conhecimentos nas atividades práticas, como, por exemplo, as atividades industriais e econômicas.

Ao contrário da ciência, a tecnologia não tem por vocação explicar o mundo. Ela é prática e existe para transformar o mundo, não para teorizar sobre ele.

Observa-se que, algumas vezes, dissertações e teses em Computação, bem como artigos científicos, ainda são fortemente caracterizados como apresentações meramente tecnológicas: sistemas, protótipos, frameworks, arquiteturas, modelos, processos, todas essas construções são técnicas, e não necessariamente ciência.

Para que um trabalho seja efetivamente de cunho científico, é necessário que a informação contida nele explique um pouco mais sobre o porquê de as coisas funcionarem como funcionam ou como poderiam funcionar melhor. Então a ciência pode estar presente em *ideias* apresentadas em um trabalho. Usualmente, há um problema de pesquisa identificado para o qual ainda não se conhece uma solução satisfatória. Há também uma hipótese, ou seja, uma ideia que pode ser testada para resolver o problema integral ou parcialmente. O trabalho deve mostrar que a ideia em questão de fato é válida, empregando as construções do método científico que se aplicarem ao caso.

O trabalho pode ser recheado de evidências de que de fato está sendo apresentado conhecimento novo. Entre essas evidências podem-se mencionar os estudos de caso, a pesquisa bibliográfica comparativa, a pesquisa experimental etc. Além disso, usualmente demonstra-se também que as novas ideias têm aplicação prática em uma ferramenta, algoritmo, protótipo, processo etc. Dessa forma, esses artefatos podem e devem ser apresentados como elementos nos quais a ideia se incorpora, ganhando vida e aplicação prática, ou seja, realizando sua vocação técnica. A monografia ou o artigo usualmente não deveria ser sobre o artefato, mas sobre as ideias incorporadas nele.

Nos níveis de iniciação científica, mestrado e doutorado, a pesquisa em Ciência da Computação, seja qual for a subárea, deve levar o pesquisador a buscar uma contribuição para o conhecimento e não apenas apresentar novas tecnologias. Embora estas também sejam relevantes e importantes, não são necessariamente ciência, ficando, portanto, adequadas apenas nos níveis de trabalhos de graduação e especialização.

A pesquisa científica deve ser realizada de acordo com os princípios do método científico. As observações e os experimentos, se for o caso, devem ser obtidos de forma rigorosa e repetível. Trabalhos de iniciação científica, mestrado e doutorado devem, assim, produzir ciência para serem considerados pesquisa científica.

Usualmente, um trabalho científico se estrutura sobre um problema de pesquisa a ser resolvido (uma questão ainda não respondida satisfatoriamente) e uma hipótese (uma possível resposta a ser avaliada). Se a hipótese for confirmada pela evidência empírica ou formal, o cientista deve apresentar uma teoria que explique tal fato, em geral como uma extensão ou alternativa a uma teoria anterior.

Uma pesquisa bem-sucedida possivelmente iniciará com uma revisão bibliográfica adequada para que se conheçam os principais conceitos da área e para que se conheçam os últimos desenvolvimentos na área. Após essa revisão, quando o pesquisador for capaz de reconhecer as questões importantes ainda não respondidas, ele poderá realizar o trabalho de pesquisa iniciando, por exemplo, com um estudo de caso para que a pesquisa exploratória coloque à luz novas questões e problemas. Depois de formular uma hipótese para resolver o problema indicado e uma justificativa que explique por que a hipótese deveria funcionar, o pesquisador poderá aplicar os métodos empíricos adequados para convencer os demais de que a sua hipótese é correta frente aos princípios do método científico, isto é, que ela é coerente com os conhecimentos existentes e que é suficientemente simples para ser adequada pelo princípio da lâmina de Occam.

A pesquisa científica não pode ser definida como uma receita de bolo, na qual se deve executar sempre a mesma sequência de passos para chegar ao resultado esperado, mas imagina-se que ela siga determinados critérios para que seja objetiva, isto é, para que outros aceitem seus resultados como válidos independentemente de opinião ou preferência.

# 5

# Maturidade em Pesquisa

Com alguma frequência se ouve dizer que Computação ou Informática é uma área nova no campo das ciências e que está em franco desenvolvimento. Mas isso não justifica que o método científico usado na área de Computação tenha de ser vago e que tantas monografias sejam escritas com fraco embasamento metodológico.

Essa discrepância de estilos de pesquisa e baixa conformação à metodologia científica acontece não só pelo fato de a área ser nova, mas também porque a Computação permeia praticamente todas as atividades humanas e, portanto, se inter-relaciona com muitas outras disciplinas.

A própria observação do surgimento dos primeiros cursos de Ciência da Computação no Brasil é evidência dessa variedade de abordagens e inter-relacionamentos. Alguns cursos surgiram nas faculdades de Engenharia. Em outras universidades, os cursos de Computação foram oriundos das faculdades de Matemática ou de Física. Em alguns casos, ainda, cursos de Computação surgiram a partir de departamentos de processamento de dados cuja finalidade era a prestação de serviços e não o ensino.

A variedade de cursos, e mesmo de denominações, causou grande confusão no cenário nacional até aproximadamente o ano 2000. Até essa data, os cursos na área podiam ser denominados "bacharelado em Ciência da Computação", "Análise de Sistemas", "bacharelado em Informática", "Engenharia de Computação", "Engenharia de Informática", e assim por diante. Geralmente, não havia nenhum tipo de correspondência entre a denominação do curso e o tipo de formação que era oferecido. Após o ano 2000, os cursos da área foram definidos pela Comissão de Especialistas de Ensino de Computação e Informática, do Ministério da Educação, em apenas cinco denominações:

- Bacharelado em Ciência da Computação.
- Bacharelado em Sistemas de Informação.
- Licenciatura em Computação.
- Bacharelado em Engenharia de Computação.
- Bacharelado em Engenharia de Software.

As diretrizes curriculares da área de Computação, publicadas em novembro de 2016, mantiveram essas cinco denominações. Destaca-se que o curso de Engenharia de Computação, alternativamente, pode ser organizado sob as diretrizes curriculares das engenharias.

Tal classificação, porém, ainda é imprecisa, sendo que em muitos casos um licenciado em Informática poderá perfeitamente exercer as atribuições de um bacharel em Sistemas de Informação. Por outro lado, um engenheiro de Computação poderá dar aulas de informática, e assim por diante.

Se as ideias já são difusas na nomenclatura dos cursos, quanto mais na pesquisa realizada pelos profissionais da área.

Este capítulo apresenta uma possível classificação para os tipos de pesquisa realizados em Ciência da Computação e áreas correlatas, considerando o grau de amadurecimento da pesquisa na subárea específica, bem como o seu inter-relacionamento com outras ciências. Essa classificação é baseada em uma discussão ocorrida na lista sbc-l@sbc.org.br, nos anos 1990.

Possivelmente, a área já terá amadurecido muito nos últimos anos, e cada vez menos trabalhos do tipo menos maduro devem estar sendo apresentados (não temos dados sobre isso; trata-se de uma conjectura). Mas, mesmo assim, este capítulo serve como alerta aos novos pesquisadores, estudantes que estão ingressando na carreira, das dificuldades encontradas no passado, apontando, assim, um caminho melhor a ser seguido.

## 5.1 Apresentação de um Produto

Entre as áreas emergentes dentro da Computação, ou seja, aquelas que mesmo para a Computação são consideradas muito novas, é aceitável uma pesquisa em que simplesmente se procure apresentar algo novo. Nessas áreas, a pesquisa é eminentemente exploratória, sendo difícil comparar um trabalho com outros anteriores, pois estes podem não existir ou ainda não estarem disponíveis nos principais mecanismos de busca. Muita literatura emergente acaba sendo publicada inicialmente como literatura *cinzenta*, ou seja, documentos publicados como relatórios técnicos, rascunhos ou até mesmo em páginas web e *blogs*, os quais não são, portanto, facilmente localizáveis como as publicações indexadas.

Sendo assim, as pesquisas nessas áreas apresentariam resultados da forma: "Fiz algo novo. Eis o meu produto." É muito pouco provável que áreas mais maduras reconheçam pesquisas apresentadas assim.

Exemplificando: um artigo do tipo "novo método para ensinar programação" dificilmente seria aceito em um evento de ensino de programação, a não ser que o autor apresentasse de maneira clara os problemas com os velhos métodos (controle) e como o seu novo método os resolve.

Outro exemplo consiste em artigos ou trabalhos que apresentam uma ferramenta ou um protótipo. Se o desenvolvimento da ferramenta não tiver sido precedido de pelo menos um mapeamento sistemático de ferramentas existentes, haverá pouca ou nenhuma efetividade na comparação do que foi desenvolvido com outras ferramentas.

Alega-se, às vezes, que não existem ferramentas iguais à que foi desenvolvida, o que até pode ser verdadeiro. Mas, se uma ferramenta ou protótipo construído justificasse a concessão do título de mestre, por exemplo, as universidades distribuiriam diplomas a todos os analistas e programadores que criam ferramentas diariamente nas suas empresas, não é mesmo? Então, deve existir algo além da ferramenta em um trabalho científico.

De qualquer maneira, apresentações desse tipo normalmente são ingênuas e devem ser evitadas. Mesmo que se esteja trabalhando em uma área nova do conhecimento, é interessante que a pesquisa demonstre que se está resolvendo um problema relevante. Se o problema é relevante, é provável que já se tentou resolvê-lo, e a partir daí é possível traçar um comparativo. O aluno da catapulta, mencionado anteriormente, apresentou uma solução para o problema sem ter tomado conhecimento de outras soluções que existiam e, por isso, falhou em sua pesquisa.

Um tipo de artigo que se encaixa muito bem nessa categoria é aquele em que o aluno desenvolve um sistema e escreve um artigo para apresentá-lo. Não há comparativos, não se apresenta nenhum conhecimento novo, a não ser o sistema em si e, portanto, esse tipo de artigo tem poucas chances de ser aceito em um veículo de publicação relevante. Muitas vezes, tais artigos são vistos mais como propaganda do grupo que desenvolveu o sistema do que como contribuição científica. Em outras palavras, artigos do tipo "manual da ferramenta" devem ser evitados. E, por tudo o que é mais sagrado, que a Figura 1 do artigo não seja a tela de login do sistema!

Esse tipo de publicação poderá ter seu espaço em sessões especiais de apresentação de ferramentas ou em eventos cujo tema seja a aplicação da Informática a alguma outra área, como, por exemplo, a Medicina, a Educação e outras. Mesmo assim, essas áreas têm cada vez mais exigido que os artigos apresentados sejam mais do que mera descrição de um sistema, que tragam conhecimento novo para a área e, principalmente, comparem o trabalho apresentado com trabalhos anteriores.

O desenvolvimento de um sistema e a sua apresentação podem ser considerados um trabalho relevante em cursos de graduação ou especialização, desde que fique evidente que o aluno aplicou técnicas no sistema ou no processo de desenvolvimento do sistema aprendidas durante o curso. Dificilmente, esse tipo de trabalho seria aceito no mestrado e doutorado, ou mesmo nos mestrados profissionais nos quais, apesar de ser patente a aplicação prática da solução, ela deve ser produzida a partir de ciência e não apenas de tecnologia.

## 5.2 Apresentação de Algo Diferente

Um segundo tipo de pesquisa, um pouco mais amadurecido, consiste na apresentação de uma forma diferente de resolver um problema. Esse tipo de pesquisa também é característico de áreas emergentes, e os trabalhos em geral são apresentados como simples comparação entre técnicas, em que não se exige necessariamente rigor científico na apresentação dos resultados. As comparações normalmente são muito mais qualitativas do que quantitativas.

Um exemplo típico desse tipo de pesquisa seria um trabalho em engenharia de software no qual se apresenta uma nova técnica para realizar algo, em que se compara essa técnica com outras técnicas existentes (não necessariamente todas e não necessariamente as melhores, muitas vezes por falta de uma métrica para decidir sobre isso), e em que se apresentam um ou dois estudos de caso confirmatório para reforçar o argumento.

Os resultados de um artigo desse tipo poderão ser aceitos em algum veículo de publicação, desde que os argumentos utilizados pelo autor sejam convincentes. Mas possivelmente será um artigo *borderline*, aceito apenas no caso da falta de outros melhores.

Um estudo de caso raramente prova alguma coisa, e a possibilidade de generalizar o resultado é responsabilidade do autor do texto, não do leitor. Se o método funcionou no estudo de caso comprobatório *A* ou no estudo de caso *B*, isso não quer dizer que funcionará sempre. Não há aqui, portanto, prova com rigor científico, mas uma tentativa de convencimento do leitor.

Apesar disso, o estudo de caso pode servir para provar que um método consagrado falha em uma ou outra situação, ou seja, é feita a refutação de uma teoria. Esse resultado, sim, poderia ser interessante especialmente se o motivo da falha fosse identificado de forma clara e uma solução para o problema fosse proposta e validada.

Esse tipo de pesquisa é típico em áreas novas, nas quais não se dispõem de grandes bases de dados para testar teorias empiricamente ou quando o tempo e os recursos necessários para realizar a pesquisa empiricamente são inviáveis.

Para que esse tipo de pesquisa funcione, é necessário que se tenha uma boa hipótese de trabalho, uma boa teoria construída para sustentá-la e uma boa argumentação para fazer com que um eventual leitor se convença da validade da teoria, mesmo sem poder testá-la com métodos estatisticamente aceitos.

Em relação à hipótese, convém mencionar que ela é o coração da monografia. Se a hipótese for mal escolhida, o trabalho pode não alcançar os objetivos. Nesse caso, quem é penalizado? O aluno! Portanto, uma boa hipótese com evidências de efetividade deve ser buscada.

Trabalhos de mestrado e doutorado, em geral, propõem algo: um novo método, uma nova ideia, um novo sistema etc. Porém, "propor" algo é fácil. Difícil é mostrar que a proposta apresenta algum tipo de melhoria em relação a outras propostas semelhantes que existem por aí.

Por exemplo, propor um método de compressão de textos mais eficiente do que os que atualmente estão no mercado é possível e até louvável como objetivo de uma monografia. Mas o problema é: como criar um método mais eficiente do que os atuais? É necessário ter uma boa hipótese.

Uma hipótese é uma teoria provável, mas ainda não demonstrada, ou uma suposição admissível. A hipótese norteia o trabalho de pesquisa justamente porque ainda não se sabe se ela é efetivamente verdadeira. Ela será testada ao longo do trabalho. Caso se confirme, o trabalho terá sido um sucesso. Caso não se confirme, será necessário juntar os cacos e tentar outra linha de pesquisa. Por isso que é necessário ter uma hipótese bem embasada e justificada. O risco é sempre do aluno.

Uma das formas de aumentar a chance de sucesso desse tipo de trabalho é estruturá-lo na forma de tabela comparativa. A ideia é que não se vai criar algo simplesmente diferente daquilo que já existe, mas algo que incorpore várias características importantes em um mesmo artefato. Idealmente, o trabalho começa com um bom mapeamento bibliográfico para se descobrir quais são as formas correntes usuais de resolver o problema em questão. Em seguida, analisam-se diferentes propriedades de cada uma das abordagens, construindo uma tabela como a Tabela 5.1.

Uma vez identificados os artefatos usados para resolver o problema em questão e as principais características desses artefatos, pode-se proceder à criação ou à definição de um novo artefato que abranja todas as características, conforme a Tabela 5.2.

Esse novo artefato será diferente dos demais, pois nenhum dos outros artefatos isoladamente possui seu conjunto de características. O novo artefato será útil na medida em que as características sejam efetivamente relevantes. A tabela comparativa será uma boa ferramenta para a pesquisa caso as características possam ser efetiva e independentemente verificadas.

Há três pontos fundamentais nessa tabela:

- Os artefatos devem ter sido selecionados após um mapeamento sistemático, não necessariamente feito pelo autor do trabalho, e indicar quais são os mais relevantes a partir de algum critério objetivo, como, por exemplo, ser citado em pelo menos dois artigos diferentes.
- As características devem ser relevantes, ou seja, devem ter importância a partir da identificação de possíveis dificuldades com as ferramentas atuais. Por exemplo, um estudo que comparou ferramentas para construção de *sprint backlogs*

**Tabela 5.1** Exemplo de tabela comparativa de artefatos e características

| | Característica 1 | Característica 2 | Característica 3 | Característica 4 |
|---|---|---|---|---|
| Artefato 1 | X | X | | |
| Artefato 2 | X | | | X |
| Artefato 3 | | X | X | X |

**Tabela 5.2** Proposta de um novo artefato que tenha todas as características dos anteriores

| | Característica 1 | Característica 2 | Característica 3 | Característica 4 |
|---|---|---|---|---|
| Artefato 1 | X | X | | |
| Artefato 2 | X | | | X |
| Artefato 3 | | X | X | X |
| Novo artefato | X | X | X | X |

citou como características importantes se as células podiam ser expandidas, se a ferramenta permitia edição compartilhada, acesso por múltiplas plataformas etc. Características irrelevantes na prática não devem ser incluídas.

- A avaliação sobre se cada artefato possui ou não a característica deve ser objetiva e verdadeira. Se o pesquisador ficar em dúvida ou não conseguir encontrar informação sobre se determinado artefato tem uma característica, é melhor que diga isso explicitamente do que tentar *adivinhar*.

Este tipo de pesquisa enquadra-se normalmente como pesquisa qualitativa, na qual se busca avaliar a existência ou não de certas propriedades. Mas muitos trabalhos de pesquisa podem se beneficiar de uma análise de dados mais quantitativa. Isso nos leva ao próximo tipo.

## 5.3 Apresentação de Algo Presumivelmente Melhor

Áreas um pouco mais amadurecidas do que as anteriores exigem que qualquer nova abordagem apresentada seja comparada quantitativamente com outras da literatura. Na falta de bancos de dados (*benchmark*) internacionalmente aceitos ou acessíveis, o próprio autor do artigo acaba criando e realizando os testes que demonstram que a sua abordagem é melhor do que outras.

Um problema com esse tipo de pesquisa é que o autor terá de testar a sua abordagem e também as outras que constam da literatura, resultando em excesso de trabalho, além de, possivelmente, introduzir o risco de viés, visto que não há garantias de que as abordagens apresentadas na literatura tenham sido testadas nas melhores condições pelo autor do trabalho. Sendo assim, tais comparações muitas vezes são temerárias. Para que uma pesquisa desse tipo seja bem aceita, é necessário que o autor deixe bem claro a forma como aplicou cada uma das técnicas e que isolou todos os fatores que poderiam possivelmente afetar os resultados.

De qualquer maneira, uma abordagem para determinado problema que se revela melhor do que outras abordagens requer alguns cuidados. Em primeiro lugar, o pesquisador deve se certificar de que está comparando a nova abordagem com alguma outra que seja do estado da arte. Em computação, muitas vezes é inadmissível apresentar um método e compará-lo com outro de uma referência bibliográfica de 20 anos atrás. Mesmo que o novo método seja melhor que o antigo, o artigo terá pouca credibilidade, a não ser que o autor deixe bem claro que nos últimos 20 anos não houve nenhum avanço nessa área. Um artigo, porém, que apresente melhorias em relação a um processo publicado recentemente, digamos, no máximo um ou dois anos, terá mais relevância.

Não é necessário, porém, que o autor de algum método novo demonstre que o seu método é melhor que outro método do estado da arte para toda e qualquer situação. É possível, muitas vezes, apresentar métodos ou abordagens que funcionam melhor em determinadas situações. Nesse caso, o artigo deve deixar bem claro quais são as situações nas quais a nova abordagem funciona melhor e o porquê disso. Experimentos deverão ser feitos para demonstrar tal melhoria.

Aqui entra em foco um aspecto muito importante na pesquisa que leva em consideração o uso de dados comparativos: a *métrica*. Afirmações do tipo "O sistema *X* é mais fácil de usar do que o sistema *Y*" não terão fundamento, a não ser que se defina claramente o que significa "ser fácil de usar". Um exemplo de definição nesse caso poderia ser a quantidade de cliques de mouse que o usuário tem de usar para executar uma tarefa dada em um ou outro sistema. Poderia ser questionado se a métrica é boa e eficiente, mas dentro da definição dada é possível confirmar qual sistema é mais fácil de usar.

## 5.4 Apresentação de Algo Reconhecidamente Melhor

O nível mais maduro da pesquisa dessa linha, em que a apresentação de dados empíricos é relevante para a aceitação dos resultados, é aquele no qual um trabalho é desenvolvido e seus resultados são apresentados em função de testes padronizados e internacionalmente aceitos. Nesse caso, o autor do trabalho não precisa testar outras abordagens, pois seus resultados já estão publicados. O autor deverá buscar os dados de entrada para testar a sua abordagem em um banco de dados conhecido e apresentar os resultados usando uma métrica aceita pela comunidade. Dessa forma, os experimentos poderão ser reproduzidos por equipes independentes. Se for demonstrado que a nova abordagem é superior às abordagens anteriores, ela passará a ser considerada estado da arte.

Pesquisas que apresentam resultados desse tipo são típicas de boas teses de doutorado. Supõe-se que, após a publicação dos resultados, ninguém mais possa ignorar essa nova abordagem em função das vantagens que ela oferece em relação às anteriores. Isso é o que se entende por "avançar o estado da arte".

Por incrível que pareça, essa é a pesquisa mais fácil de executar, desde que o autor tenha uma boa hipótese de trabalho. Por que isso? Porque os testes-padrão já estão definidos e os dados já estão disponíveis. Basta implementar a abordagem e realizar os testes. O grande problema e a dificuldade inerente, então, consistem em encontrar uma boa hipótese de trabalho, que faça sentido e que seja promissora (isso, infelizmente, em geral não é trivial).

Portanto, esse tipo de pesquisa exigirá, por parte do autor, amplo estudo sobre o estado da arte em determinada área e muita reflexão sobre a forma como as técnicas são desenvolvidas para resolver os problemas dessa área. Problemas em aberto serão excelentes focos de atenção para a pesquisa.

Além disso, poderá ser de muita valia se o autor possuir conhecimentos em outras áreas, que muitas vezes nem estejam relacionadas com o problema em questão. Algumas vezes, técnicas de áreas distintas aplicadas a um problema produzem resultados muito interessantes. Porém, deve-se lembrar que apenas aplicar uma técnica diferente para um problema remete o trabalho ao "apresentar algo diferente". Quando se opta por utilizar uma técnica alienígena em um problema conhecido, é necessário ter bons motivos para acreditar que a técnica possa produzir resultados melhores do que as técnicas correntes.

## 5.5 Apresentação de uma Prova

Os diferentes tipos de pesquisa apresentados anteriormente se enquadram nas subáreas da Computação em que normalmente os resultados são apresentados a partir de evidências empíricas ou pelo menos de argumentações ou estudos de caso que sugerem provas de conceito.

Outro tipo de pesquisa exige provas formais, de acordo com as regras da Lógica. A área de métodos formais ou compiladores, por exemplo, dificilmente aceitará trabalhos que não apresentem demonstrações formais de correção ou eficiência.

Deve ser construída uma teoria afirmando claramente quais são os conceitos utilizados e mostrando que a aplicação desses conceitos leva, logicamente, a determinados resultados. Esses resultados podem ser a demonstração de que determinado algoritmo é o melhor algoritmo possível para resolver determinado tipo de problema ou que um algoritmo para resolver determinado tipo de problema não existe, ou ainda que a complexidade de qualquer algoritmo que resolve determinado tipo de problema não pode ser menor do que determinado polinômio.

## 5.6 Discussão

A partir das observações feitas, pode-se verificar que diferentes subáreas da Computação podem ser caracterizadas por diversos estilos de pesquisa. É possível classificar esses estilos, então, em três tipos básicos:

- *Pesquisas formais*, em que é exigida a elaboração de uma teoria e uma prova formal de que essa teoria é correta. A lógica formal será a grande ferramenta de trabalho do pesquisador que optar por essa linha.
- *Pesquisas empíricas*, em que uma nova abordagem apresentada é comparada com outras por meio de testes aceitos pela comunidade. Os métodos estatísticos serão a grande ferramenta de trabalho do pesquisador que optar por essa linha. Interessados em realizar este tipo de pesquisa devem se aprofundar no conhecimento da Estatística Aplicada e para isso uma boa referência é Barbetta (2007).
- *Pesquisas exploratórias*, em que não se consegue provar uma teoria nem apresentar resultados estatisticamente aceitos. Entram aqui os estudos de caso, as análises qualitativas e as pesquisas exploratórias em áreas emergentes. A argumentação e o convencimento são as principais ferramentas do pesquisador.

Embora a pesquisa formal aparentemente seja mais difícil de realizar, seus resultados, quando obtidos, são mais difíceis de refutar.

A pesquisa empírica, mesmo baseada em métodos estatísticos, poderá ser refutável se não estiver também embasada em uma boa teoria, porque a estatística não explica causas. É bem conhecida a anedota do pesquisador que mandava uma aranha pular e em seguida lhe arrancava uma das pernas. Após arrancar sete pernas, a aranha ainda pulava com a perna que restava. Após arrancar a última perna, o cientista percebeu que a aranha não atendia mais à ordem de pular. A conclusão do pesquisador foi de que a aranha sem pernas fica surda, pois não escutava mais a ordem para pular. Será que esta teoria resistiria à lâmina de Occam?

Em último lugar, a pesquisa exploratória parece ser mais fácil de realizar, porque não é necessário utilizar os métodos da lógica formal nem realizar experimentos exaustivos. Porém, em termos de pesquisa, é a abordagem mais arriscada, pois a aceitação dos argumentos não é universal, e artigos que não se fundamentam em uma boa teoria e/ou em um bom conjunto de testes têm menor chance de serem publicados em bons veículos. A apresentação de estudos de caso e exemplos, tratando-se de pesquisas exploratórias, poderá ajudar o pesquisador a convencer o leitor do seu ponto de vista, mas eles não constituem provas.

# 6

# Elementos da Pesquisa

A preparação de um trabalho de pesquisa é uma etapa que deve ser realizada antes que se comece a escrever sobre a pesquisa. Parece estranho, mas muitas vezes esse é um ponto que deve ser ressaltado. Os alunos, ansiosos por escrever a monografia, começam a escrever páginas e páginas sem terem feito nenhuma pesquisa.

Portanto, não se recomenda que o aluno comece a escrever sua monografia sem ter realizado alguma pesquisa que tenha produzido conhecimento novo. Explicando melhor: não há necessidade de sair escrevendo o capítulo de revisão bibliográfica antes de saber o que efetivamente será feito em termos de produção de conhecimento.

A revisão bibliográfica de um trabalho de pesquisa em Computação, em geral, não deve ser um *tratado* sobre a área de pesquisa. Muitas vezes, um aluno que começa a escrever o capítulo da revisão antes de decidir o objetivo da pesquisa acabará escrevendo demais e desnecessariamente. Esse capítulo será cansativo para o leitor e, muitas vezes, ele não compreenderá por que determinados assuntos são ali colocados se não são abordados na monografia em si.

Este capítulo apresenta várias sugestões que podem ajudar um pesquisador iniciante a elaborar seu projeto de pesquisa científica. Em especial, serão comentadas as seções consideradas *obrigatórias* em trabalhos de pesquisa, as quais incluem a escolha de um ou mais objetivos, hipóteses, justificativas, resultados e limitações de um trabalho.

## 6.1 Objetivos

O segredo de um trabalho de pesquisa de sucesso consiste em ter um bom *objetivo*. Uma vez definido o objetivo do trabalho, tudo o mais gravita em redor dele. A *justificativa* vai dizer por que vale a pena buscar esse objetivo; o *procedimento metodológico* informa como o objetivo pode ser alcançado; os *resultados esperados* mostram o que muda no mundo após o objetivo ser atingido; a *revisão bibliográfica* vai apresentar os conceitos necessários para a compreensão do objetivo e outros trabalhos que buscaram o mesmo objetivo.

A escolha de um objetivo de pesquisa é frequentemente a tarefa mais difícil em um trabalho de mestrado ou doutorado. Muitas vezes, o objetivo é confundido com o *tema* da pesquisa. Suponha, por exemplo, que o pesquisador esteja interessado em entender melhor as equipes ágeis autogerenciadas. Mas, nesse caso, qual é o objetivo? Ou seja, o que ele quer provar? O que quer descobrir?

Nem toda meta pode ser considerada um bom objetivo de pesquisa. Por exemplo, algo do tipo "o objetivo deste trabalho é aumentar os meus conhecimentos na área de estudo" (caso real), pode até ser muito sincero, mas não convence ninguém de que algum conhecimento novo para a Humanidade será produzido. Portanto, isso deve ser evitado.

Outro objetivo, algumas vezes encontrado, é a forma "propor...". Alguma coisa é proposta, normalmente um método, uma abordagem, uma técnica, um algoritmo, uma comparação ou qualquer outra coisa. A questão é que, se o autor fizer a proposta, o objetivo estará atingido? Se o aluno se propõe a propor e propôs, então está proposto! O que for proposto não é necessariamente melhor ou diferente daquilo que já existia antes. Então, o estágio da pesquisa nesse caso ainda é dos mais ingênuos. É necessário que o objetivo diga que aquilo que está sendo proposto é melhor do que aquilo que já existe, ou que isso resolve algum problema que antes não podia ser resolvido.

Segundo o professor de Carleton, John W. Chinneck, a descrição de um problema de pesquisa tem três partes:[1]

1. Um *enunciado* preciso da questão ou problema de que trata a monografia.
2. Uma *explicação* por referência direta à bibliografia de que tal questão de pesquisa ainda não foi tratada.
3. Uma *discussão* sobre por que é importante tratar essa questão de pesquisa.

O item 2 falhará se o aluno não conseguir deixar claro que a questão de pesquisa nunca foi tratada. Uma boa revisão bibliográfica é necessária para apresentar tal justificativa com suficiente autoridade. Devem ser evitadas afirmações do tipo "Não encontrei nada parecido". O aluno deve sempre mostrar o que encontrou nas fontes relevantes que examinou e comparar aquilo que foi encontrado com o que pretende fazer. Se ele disser que não encontrou nada, a banca examinadora provavelmente pensará que ele não pesquisou direito ou está tratando um problema de pouco interesse. Em alguns casos, pode ocorrer que efetivamente nada de muito semelhante seja encontrado, mas em todo caso sempre existe algum problema que possa ser considerado o mais próximo possível. Haverá situações em que serão encontradas abordagens quase idênticas, variando em poucos detalhes; em outros casos, a abordagem mais próxima será tão distinta que será necessária uma boa dose de explicação para que se possa entender por que ela é relevante. Leonardo da Vinci não conhecia a tecnologia utilizada pelos modernos aviões e provavelmente não encontrou muita bibliografia sobre o tema, então baseou seus estudos sobre máquinas voadoras no modelo mais próximo que estava disponível na sua época: a estrutura de voo dos pássaros.

---

[1] Disponível em: <http://www.sce.carleton.ca/faculty/chinneck/thesis.html>. Acesso em: 18 de junho de 2019.

Por outro lado, é importante que um trabalho de pesquisa se relacione principalmente com conhecimentos que sejam inerentes ao estado da arte, ou seja, que sejam recentes. Não faria muito sentido hoje, com todos os conhecimentos de engenharia aeronáutica disponíveis, ignorar essas informações e tentar construir máquinas voadoras baseadas nos modelos de Leonardo.

Apesar disso, os conhecimentos antigos não devem ser de todo ignorados. Muitas vezes, o conhecimento antigo aliado ao estado da arte pode produzir resultados muito interessantes. No caso da indústria aeronáutica, por exemplo, tenta-se hoje produzir aviões flexíveis que, de certa forma, imitam as estruturas de voo dos pássaros. Mas isso é feito com base em conhecimentos atuais; não se está reinventando a roda, mas aperfeiçoando conceitos já existentes.

### 6.1.1 Caminho para a Escolha de um Objetivo de Pesquisa

Para que alguém seja capaz de pensar em um objetivo de pesquisa relevante, deve-se conhecer a área de pesquisa na qual está trabalhando. Portanto, o caminho lógico consiste em três passos:

1. *Escolher um tema de pesquisa*, ou seja, uma área de conhecimento na qual vai trabalhar.
2. *Realizar a revisão bibliográfica*. A não ser que o autor já seja especialista na área escolhida, ele vai precisar ler muitos trabalhos já publicados nessa área para saber o que está sendo feito (estado da arte) e o que ainda precisa ser feito (problemas em aberto).
3. *Definir o objetivo de pesquisa*. Uma vez feita a revisão bibliográfica, o objetivo de pesquisa possivelmente será fortemente relacionado com um dos problemas em aberto verificados no passo anterior.

Ainda é possível que os passos 2 e 3 devam ser repetidos algumas vezes de forma a refinar o objetivo. De fato, ao realizar a revisão bibliográfica sobre determinado tema, o pesquisador terá ideias sobre aspectos do tema que ainda não foram explorados, e esses aspectos poderão dar origem a um objetivo de pesquisa. Mas, antes de começar a gastar energia tentando atingir esse objetivo, o pesquisador deve refinar sua pesquisa bibliográfica tentando verificar se tal objetivo já não foi perseguido em trabalhos anteriores e que tipo de resultado foi obtido.

Na história da catapulta, o tema de pesquisa foi o rio que cortava a cidade. Quando foi estabelecido o objetivo de pesquisa "encontrar uma forma segura de atravessar o rio", o aluno deveria ter verificado na literatura os principais trabalhos já publicados sobre travessia de rios. Mas ele se limitou apenas a informações sobre a composição dos rios e, portanto, perdeu informações importantíssimas para sua pesquisa, ou seja, que já existiam métodos para atravessar rios e que ele deveria primeiro tentar melhorar esses métodos já existentes ou pelo menos conhecê-los e aos seus defeitos, antes de enveredar pela pesquisa de algo totalmente novo. No extremo desse raciocínio fica a possibilidade de que alguns anos antes outros pesquisadores já tivessem tentado usar a catapulta para cruzar rios, sem saber uns dos outros.

A cada vez que o estudo é repetido, esforços são despendidos, medidas são tomadas e conclusões (possivelmente as mesmas) são obtidas, sem que nenhum avanço ocorra para a ciência.

### 6.1.2 Tema

O *tema* da pesquisa frequentemente depende do interesse do aluno e do orientador. Não se recomenda que seja feita uma pesquisa cujo tema não seja compatível com os conhecimentos do orientador. No caso do aluno, recomenda-se que, ao passar da graduação ao mestrado e do mestrado ao doutorado, procure trabalhar no mesmo tema, embora buscando objetivos distintos. Por que isso? Porque, se o aluno se mantiver no tema, o passo de revisão bibliográfica será concluído mais rapidamente ao passar de um estágio para outro em sua formação. Bastará que ele se atualize nos últimos desenvolvimentos da área para poder decidir por um bom objetivo de pesquisa. Se o aluno mudar de tema, terá de fazer toda a revisão bibliográfica sobre outro tema, o que lhe tomará muito tempo.

Não é impossível que uma pessoa com formação em uma área faça mestrado ou doutorado em área diferente, mas ela terá mais trabalho e levará mais tempo para amadurecer os conceitos da nova área do que uma pessoa que já tem a vivência na área.

O tema pode ser especializado a partir de uma grande área em subáreas cada vez mais específicas. Por exemplo:

1. Ciência da Computação.
1.1 Inteligência artificial.
1.1.1 Métodos de busca.
1.1.1.1 Busca heurística.
1.1.1.1.1 Algoritmo A*.

Nessa lista, cada item é uma especialização do item anterior, mas cada um é apenas um tema de pesquisa, embora cada vez mais específico.

Indo para outra direção, pode-se combinar um tema de pesquisa com uma área de aplicação. O tema, possivelmente, será mais específico do que geral. Não faz muito sentido, por exemplo, falar de "aplicação de algoritmos no problema da pavimentação de estradas". Faria mais sentido um tema de pesquisa como "aplicação de busca heurística no problema do transporte de máquinas para pavimentação de estradas".

Mesmo assim, em alguns casos encontram-se trabalhos cujo tema é algo do tipo "aplicação de técnicas de inteligência artificial para resolver o problema *X*". O pesquisador deve ter a noção de proporção para saber se o nível de especificidade do tema de pesquisa é adequado ou não. No exemplo anterior, ao se falar de inteligência artificial, abre-se um leque enorme de possibilidades (pode-se conferir como a área é extensa em Russel e Norvig [2004]). Portanto, um tema tão extenso quanto esse não é adequado. Ao se falar de busca heurística, porém, o leque é reduzido a relativamente poucos algoritmos conhecidos, e o tema fica mais viável. Quanto mais amplo o tema, maior a quantidade de livros e artigos que terão de ser lidos. Portanto, recomenda-se buscar temas cada vez mais específicos antes de propor um objetivo de pesquisa.

Quando se escolhe um tema de pesquisa que tem aplicação em outra área, deve-se tomar cuidado. Quando se está realizando um mestrado ou doutorado em Ciência da Computação, deve-se observar que a principal contribuição do trabalho deve ser para a área da Computação.

### 6.1.3 Problema de Pesquisa

Uma monografia deve apresentar uma solução para um problema. Inicialmente, portanto, um problema deve ser identificado. Seria errado iniciar a monografia simplesmente resolvendo criar um *novo* método para isso ou aquilo. Um novo método só deve ser criado se for para resolver algum problema que os antigos métodos não resolvem.

No caso da catapulta, o aluno propôs e testou um novo método para cruzar rios. Aqui vem uma questão interessante. Segundo o aluno, o problema consistia em cruzar o rio. Mas esse problema identificado já não é mais um problema sem solução porque existem diferentes abordagens para cruzar um rio: ponte, balsa, teleférico etc. Então, caso o aluno quisesse insistir nesse tema, teria de indicar quais problemas as soluções existentes apresentam. Ou seja, quais os problemas encontrados quando se tenta cruzar um rio com uma ponte ou com uma balsa? Ele poderia descobrir, por exemplo, que pontes são muito caras e balsas são muito lentas. Se todas as soluções existentes apresentarem algum tipo de problema, é possível que se esteja abrindo caminho para uma nova abordagem. Caso contrário, as pessoas continuarão a cruzar rios com os meios usuais e não com a *nova* abordagem.

Algumas propostas de pesquisa são apresentadas inicialmente sem ter um problema claramente identificado. Por exemplo: "Este trabalho propõe usar a metáfora de formigueiro para modelar pacotes em uma rede." Esse tema até pode vir a ser um trabalho interessante, mas qual problema essa modelagem vai resolver? O que há de errado com outras formas de modelagem, sejam elas quais forem, que essa metáfora do formigueiro vai possivelmente resolver?

Se o autor não consegue estabelecer claramente o problema tratado em sua monografia, será muito difícil para outras pessoas especularem sobre os possíveis usos dela. Também será difícil avaliar se ela obteve sucesso.

### 6.1.4 Perspectiva Profissional

O tema de pesquisa a ser escolhido, em qualquer nível de formação, além de ser do agrado do aluno, deve estar relacionado com a sua perspectiva de desenvolvimento profissional.

Não faz sentido gastar vários anos investindo em uma pesquisa na área *X* para depois trabalhar o resto da vida na área *Y*. O ideal seria que cada pesquisa gerasse *inovação*, ou seja, algum tipo de produto ou uma melhoria a um produto existente que pudesse, após o final do curso, gerar alguma perspectiva de trabalho e de renda para o pesquisador e benefícios para a sociedade.

Isso é mais difícil quando se trata de pesquisa básica; mesmo assim, esse tipo de pesquisa pode gerar patentes que em algum momento poderão se tornar produtos e gerar riquezas para o país. Não é admissível que todo o esforço despendido durante o mestrado ou mesmo durante um doutorado acabe sendo depois simplesmente guardado em uma estante.

### 6.1.5 Formulação do Objetivo

O objetivo da pesquisa deve ser diretamente verificável ao final do trabalho. Um bom objetivo de pesquisa possivelmente demonstrará que alguma hipótese sendo testada é ou não verdadeira.

Portanto, o objetivo geral e os objetivos específicos do trabalho devem ser expressos na forma de uma condição não trivial cujo sucesso possa vir a ser verificado ao final do trabalho. Um objetivo bem expresso, em geral, terá verbos como "demonstrar", "provar", "melhorar" (de acordo com alguma métrica definida) etc.

Deve-se tomar cuidado com certos verbos que determinam objetivos cuja verificação é trivial e, portanto, inadequada. Entre eles pode-se citar "propor", "estudar", "apresentar" etc. Se o objetivo do trabalho é *propor* algo, basta que a coisa seja proposta para que o objetivo seja atingido e, portanto, essa forma é trivial e inadequada, pois a definição do objetivo não menciona a qualidade daquilo que será proposto.

Se o objetivo do trabalho é *estudar* algo, ele terá sido alcançado se aquilo foi estudado, não importando se alguma nova informação foi aprendida ou não, sendo, portanto, inadequado como objetivo de pesquisa. Estudar, normalmente, é o objetivo do aluno e não do trabalho.

Se o objetivo do trabalho consiste em *apresentar* algo, novamente ele é trivial e inadequado. Uma simples apresentação não produz necessariamente conhecimento novo. Por exemplo, "o objetivo deste trabalho é apresentar os operadores da lógica booleana"; tal objetivo pode ser alcançado com um pequeno texto explicando os operadores conhecidos, mas, como não traz informação nova, não é um objetivo de pesquisa, é uma aula.

A proposta, o estudo e a apresentação podem ser justificáveis como objetivo de pesquisa desde que o objeto da proposta, estudo ou apresentação seja algo original.

Segundo Chinneck, uma monografia deve apresentar uma contribuição original ao conhecimento. Dessa forma, ao final do trabalho, o estudante deverá ser capaz de mostrar que identificou um problema que valia a pena ser resolvido, mas que ainda não o havia sido. Além disso, o estudante deverá mostrar que resolveu o problema que propôs e apresentar a solução.

Em função disso, Chinneck conclui que um avaliador, ao ler o texto de uma monografia, vai procurar responder às seguintes questões:

- Qual é a questão de pesquisa que o aluno propôs?
- É uma boa questão? (Já foi respondida alguma vez? Vale a pena respondê-la?)
- O aluno conseguiu convencer que a questão foi respondida adequadamente?
- O aluno fez uma contribuição adequada ao conhecimento?

A falha em encontrar respostas para algumas dessas questões poderá colocar o aluno em apuros, sendo que a banca avaliadora provavelmente exigirá revisões extensas no trabalho ou poderá até reprovar o candidato.

Outra questão é que algumas vezes o aluno confunde o objetivo da pesquisa com os *meios* para obter este objetivo. Um aluno, por exemplo, preocupado com a eficiência dos algoritmos de compressão de texto, poderia estabelecer como objetivo "definir um novo modelo de redes neurais para realizar compressão de texto". Mas esse não é o objetivo *de fato* do aluno. O *objetivo* dele é definir um modelo de compressão mais eficiente do que os existentes. Implementar a rede neural é um *meio* para obter isso, mas não é o objetivo em si. Portanto, muito cuidado deve ser tomado na formulação do objetivo.

### 6.1.6 Extensão do Objetivo

Um objetivo de pesquisa, dependendo do nível de formação pretendido (graduação, especialização, mestrado ou doutorado), não pode ser demasiadamente trivial nem demasiadamente complexo.

Um objetivo demasiadamente trivial será atingido de forma rápida, mas dificilmente será defensável perante uma banca, pois a cada grau acadêmico espera-se do aluno não apenas inspiração, mas também transpiração, ou seja, não basta ter uma boa ideia, é necessário trabalhar sobre ela demonstrando todos os seus diferentes aspectos dentro do nível de complexidade exigido pelo grau almejado.

Um objetivo muito complexo dificilmente será atingido no tempo disponível para o cumprimento dos requisitos do grau almejado. Objetivos complexos podem ser colocados como projetos de longo prazo na carreira de pesquisadores já formados, os quais terão, muitas vezes, décadas à frente e equipes de pesquisa para buscar esses objetivos.

Alunos de graduação e pós-graduação devem atingir os objetivos colocados dentro do tempo regulamentar que os seus cursos estabelecem e, portanto, a complexidade desses objetivos deve ser consistente com esse tempo. Não basta, para a obtenção de um grau, apresentar uma ideia complexa que não pode ser demonstrada ou concluída no tempo disponível. Alegar para a banca que não houve tempo para concluir o trabalho dificilmente é uma boa desculpa.

Sendo assim, o aluno deverá sempre buscar apoio do orientador e a definição de um objetivo de pesquisa que possa ser atendido no tempo disponível, de acordo com o curso realizado. Quanto mais experiente for o orientador, ou seja, quanto mais trabalhos ele tiver orientado com sucesso em sua vida, mais se pode esperar que seja capaz de apoiar o aluno na escolha de um objetivo adequado.

### 6.1.7 Objetivo de Pesquisa *versus* Objetivo Técnico

É aceitável que um trabalho de graduação e mesmo de especialização tenha objetivos técnicos, ou seja, espera-se nesses graus que os alunos sejam capazes de demonstrar que aprenderam determinados conceitos e conseguem colocá-los em prática. Assim, é aceitável que um aluno de graduação, ao final de seu curso, desenvolva um sistema usando conceitos aprendidos durante o curso e que apresente o sistema como trabalho final. Porém, esse tipo de abordagem não é aceitável nos níveis de mestrado e doutorado. Espera-se que o mestre e o doutor tenham de alguma forma contribuído para o avanço do conhecimento. Assim, o desenvolvimento de um sistema, embora possa ser necessário para provar alguma hipótese previamente estabelecida, não é em si suficiente para a concessão de um título de mestre ou doutor.

Se o simples desenvolvimento de um sistema ou de um protótipo fosse suficiente para outorgar um grau acadêmico, as universidades deveriam estar conferindo título de mestre a todos os programadores ou analistas que diariamente desenvolvem sistemas, muitas vezes complexos, nas suas empresas. Se isso não acontece é porque existe mais alguma coisa nas dissertações e teses que precisa ser buscado. Esse algo mais é o *conhecimento científico*. Uma monografia é um documento que apresenta de forma organizada uma contribuição para o estado da arte, apresentando, portanto, informações que não eram conhecidas e que a partir do momento em que são publicadas passam a integrar o corpo de conhecimento relevante para quem for atuar em determinada área.

Os trabalhos técnicos que são aceitáveis na graduação e na especialização apenas usam o conhecimento já disponível. Os trabalhos científicos, que obrigatoriamente são desenvolvidos no mestrado e no doutorado, devem, além de usar o conhecimento já disponível, criar conhecimentos, associando-os dentro de uma estrutura coerente com aqueles que já são conhecidos. Sendo assim, o desenvolvimento de sistemas ou protótipos servirá apenas como apoio para demonstrar a aplicabilidade desses novos conhecimentos, se assim for necessário.

### 6.1.8 Objetivos Específicos

Os objetivos específicos devem ser escolhidos da mesma forma que o objetivo geral, ou seja, devem ser não triviais e verificáveis ao final do trabalho. Normalmente, os objetivos específicos não são etapas do trabalho, mas *subprodutos*. Deve-se tomar cuidado para não confundir os objetivos específicos com os passos do procedimento metodológico. Assim, objetivos específicos como realizar revisão bibliográfica, escolher abordagem, definir protótipo, executar experimento etc. devem ser evitados, pois são passos intermediários. O objetivo específico deve indicar uma contribuição ao conhecimento, como uma hipótese a ser demonstrada, uma teoria a ser refinada ou refutada etc.

Deve-se entender, portanto, que os objetivos específicos são detalhamentos ou subprodutos do objetivo geral. Se o objetivo geral consiste em provar determinada hipótese, os objetivos específicos podem estabelecer a prova de uma série de condições associadas a tal hipótese.

Por exemplo, no caso do aluno que quer entender melhor equipes autogerenciadas, poder-se-ia imaginar que seu objetivo geral seria verificar se equipes autogerenciadas funcionam melhor do que equipes com gerente. Os objetivos específicos poderiam ser um detalhamento sobre o significado de "melhor" neste contexto. Por exemplo, ele poderia estabelecer como objetivos específicos verificar se equipes autogerenciadas são mais produtivas, se seus membros se sentem mais felizes, se seus produtos são melhores, de acordo com alguma métrica definida etc. Todas essas diferentes dimensões de análise constituem o significado de "melhor" do objetivo geral.

## 6.2 Procedimento Metodológico

Em geral, as monografias têm um capítulo ou seção com a designação "metodologia". Entretanto, metodologia seria o *estudo dos métodos*. Apesar do uso corrente, do ponto de vista da língua, seria mais correto afirmar que um trabalho científico individualmente tem um *procedimento metodológico* e não uma metodologia.

Dificilmente um aluno que está escrevendo uma monografia apresenta uma metodologia, a não ser que ele faça a comparação de diferentes abordagens metodológicas e, em função disso, selecione a melhor. Mas o usual é que, dependendo do tipo de problema, se escolha um procedimento metodológico puro ou misto e que ele seja seguido até a comprovação ou refutação das hipóteses.

O procedimento metodológico mais adequado a um trabalho científico normalmente só pode ser estabelecido depois que o objetivo de pesquisa tiver sido identificado.

O procedimento metodológico consiste na sequência de passos necessários para demonstrar que o objetivo proposto foi atingido, ou seja, se os passos definidos no procedimento forem executados corretamente, os resultados obtidos deverão ser convincentes.

O procedimento metodológico deve então indicar se será feita uma revisão sistemática, se serão feitas entrevistas, se protótipos serão desenvolvidos, se modelos teóricos serão construídos, se experimentos serão realizados, como os dados serão organizados e comparados, e assim por diante, dependendo do objetivo do trabalho.

A definição do procedimento metodológico, ou *método*, é um passo fundamental a ser executado logo após a definição do objetivo. Dado o objetivo, o procedimento metodológico descreve o caminho para atingi-lo. Assim, deverá ser suficiente trilhar o caminho descrito pelo procedimento metodológico para se alcançar o objetivo. Se o objetivo e o procedimento metodológico forem coerentes, uma parte difícil do trabalho de pesquisa já terá sido executada, restando apenas a execução dos passos descritos no procedimento metodológico.

Porém, descrever um conjunto de passos que constitua um procedimento metodológico aceitável exige alguns conhecimentos sobre o método científico que foram detalhados no Capítulo 3. A não observância do método científico pode levar a conclusões erradas ou forçadas.

Propostas metodologicamente ingênuas não são de todo incomuns em Computação. Coisas como "trabalhar com dois grupos, um com a ferramenta e outro sem a ferramenta (controle)" até poderia ser parte de um procedimento metodológico, mas não é suficiente. Se a diferença entre as médias dos dois grupos for de 0,5 ponto percentual, pode-se concluir que um grupo foi melhor que o outro? Ou pode ter sido obra do acaso? E se a diferença for de cinco pontos percentuais? Como saber? Existem algumas informações trazidas pela estatística que devem ser do conhecimento de qualquer pessoa que se aventure a desenvolver pesquisa científica.

Além disso, existe ainda a possibilidade do mau uso da lógica. Os antigos *sofistas* eram muito requisitados entre os gregos para argumentação. Entretanto, nem sempre a lógica usada por eles era exatamente a que poderia ser aceita do ponto de vista científico. Um exemplo hilário de uso tortuoso da lógica aparece no filme *Monty Python em busca do cálice sagrado*, quando Bedevere propõe um método infalível para determinar a identidade de uma bruxa. Ao final de uma série de argumentações pseudológicas, ele conclui que, se a mulher pesar tanto quanto um pato, será uma bruxa. Basicamente, segundo Bedevere, bruxas queimam e madeira também queima. Madeira flutua na água, assim como os patos. Logo, se a mulher pesar tanto quanto um pato, é feita de madeira e, portanto, é uma bruxa.

Além disso, é importante que o procedimento metodológico seja mais do que uma simples lista de passos. Por exemplo, se o aluno definir seu procedimento como "revisar literatura; definir requisitos; implementar protótipo; avaliar protótipo", será necessário detalhar mais como será feita essa avaliação. Seria por estudo de caso comprobatório? Seria por experimentação controlada? Seria por levantamento de opinião de especialistas? Então não basta dizer o que será feito no trabalho, é necessário mostrar que o que será feito levará com certa segurança a alguma conclusão.

Idealmente, no caso de pesquisa empírica, é necessário detalhar a forma como as amostras serão colhidas, como serão analisadas, e como os resultados serão julgados por testes estatísticos.

### 6.2.1 Dados *versus* Conceitos

O método de pesquisa não consiste apenas em coletar dados para suportar a hipótese de trabalho. É necessário elaborar um discurso ponderado e esclarecedor a partir desses dados. O aspecto mais importante de uma monografia é o pensamento crítico e não apenas a coleta de informações. Trabalhos acadêmicos que se restringem à realização de pesquisas de opinião por meio de questionários com a consequente tabulação dos dados e apresentação de gráficos não terão validade se não trouxerem alguma informação nova. E informação nova só vai aparecer em uma análise descritiva destes dados ou na formulação de teorias que procurem explicar causa e efeito (por exemplo, por que os dados se comportam de tal forma?).

Lakatos e Marconi (2006) identificam o questionário como um instrumento de pesquisa que dispensa a presença do pesquisador. Porém, deve-se evitar a distribuição de questionários para serem respondidos se não se sabe com antecedência qual a informação que se está buscando, ou seja, qual a hipótese que se está tentando comprovar. Mesmo nos casos de pesquisa exploratória, é necessário haver alguma hipótese ou intuição por parte do pesquisador em relação à existência de algum fenômeno suficientemente importante que mereça ser estudado.

Além disso, em geral, respostas diretas e interpretações simplistas não são as mais interessantes. Por exemplo, há algum tempo pesquisadores realizaram uma pesquisa na Inglaterra, onde entrevistaram homens e mulheres perguntando quantos parceiros sexuais haviam tido ao longo da vida. O resultado médio para as mulheres foi 3, e o resultado médio para os homens foi 10. Uma interpretação ingênua e simplista desse fato diria que o homem, em média, tem mais parceiros do que as mulheres. Porém, considerando-se que existe aproximadamente o mesmo número de homens e mulheres na sociedade, isso é impossível, visto que cada vez que um homem tem uma nova parceira, uma mulher (a parceira) também tem automaticamente um novo parceiro. Portanto, as duas médias deveriam ser praticamente iguais. A conclusão da pesquisa foi, portanto, que os homens mentem para mais ou as mulheres mentem para menos, ou ambos mentem quando se trata de quantificar o número de parceiros. Assim, no caso de aplicação de pesquisa de levantamento, o ideal é procurar descobrir mais do que o óbvio.

Deve-se também fazer o possível para evitar vieses. O ideal em um levantamento é que a amostra de entrevistados seja escolhida aleatoriamente e que todos respondam. Questionários enviados para 1000 pessoas que são respondidos por apenas 30 possivelmente terão viés. Imagine se a pergunta fosse "você costuma responder a questionários enviados por e-mail?".

## 6.2.2 Definições Constitutivas e Operacionais

Em uma monografia, o pesquisador frequentemente precisará definir termos que esteja usando. Existem duas formas básicas para se criarem definições: as definições *constitutivas* e as *operacionais*. Dependendo do tipo de termo, será necessário usar uma ou outra.

Trabalhos eminentemente formais tendem a usar mais as definições constitutivas. Segundo Kerlinger (1980), "definições constitutivas são definições de dicionário". As definições constitutivas procuram definir um termo em função de seus constituintes. Uma gramática formal, por exemplo, pode ser definida como um conjunto de regras de produção; uma regra de produção pode ser definida como duas sequências de símbolos, e assim por diante.

Porém, pesquisas que utilizem termos não tão formais como "facilidade", "adequação", "flexibilidade" etc. dificilmente poderão utilizar apenas definições constitutivas para esses termos.

É necessário, nesses casos, utilizar uma definição *operacional* que, segundo Kerlinger (1980): "Atribui significado a um constructo ou variável especificando as atividades ou 'operações' necessárias para medi-lo ou manipulá-lo." A definição operacional é, então, uma definição pragmática. Ela não define a natureza de um fenômeno, mas os meios para obter uma medição, e caracteriza o resultado dessa medição como sendo o próprio fenômeno.

Por exemplo, o termo "facilidade" pode ser definido como o número de toques no teclado ou mouse para realizar determinada tarefa. O termo "adequação" pode ser definido como a nota obtida em um teste-padrão aplicado por especialistas. O termo "flexibilidade" pode ser definido como o tempo médio que um programador leva para introduzir um conjunto predefinido de características.

Mas esses são apenas exemplos do que poderia ser feito. Não se pretende aqui fornecer definições operacionais para esses termos. Cada trabalho usará as definições que forem mais adequadas ao objetivo da pesquisa.

O importante aqui é enfatizar que, no caso de termos que representem características não formais, é necessário utilizar definições operacionais para que o fenômeno associado ao termo possa efetivamente ser medido. Sem isso, o trabalho seria apenas especulativo.

### 6.2.3 Variáveis

Foi mencionada anteriormente a existência de fenômenos para os quais interessa ao cientista realizar medições objetivas. Em geral, tais fenômenos que podem ser medidos objetivamente são identificados como variáveis. Uma *variável* é um nome que se dá a um fenômeno que pode ser medido e que varia conforme a medição. Se não variasse, seria uma constante e não teria maior interesse para a pesquisa.

Variáveis em experimentos, assim como as variáveis em programas computacionais, possuem um *domínio*, ou seja, um conjunto de valores dentro do qual a variável se altera. Por exemplo, uma temperatura em geral será um número racional limitado inferiormente pelo zero absoluto (o valor literal dependerá da escala que se use). Uma variável relacionada com a temperatura não poderá assumir o valor "XYZ" ou *falso*, já que estes não pertencem ao domínio numérico.

O domínio de uma variável pode ser discreto ou contínuo. *Variáveis contínuas* assumem valores reais; a ideia de contínuo vem do fato de que entre dois valores sempre existe um terceiro. Já as *variáveis discretas* assumem seus valores em conjuntos cujos elementos podem ser ordenados ou em conjuntos finitos. O número de participantes de uma videoconferência é um fenômeno representado em uma variável cujo domínio é discreto e corresponde ao conjunto dos números naturais. Os valores desse conjunto podem ser ordenados, e entre o $n$-ésimo valor e o $(n+1)$-ésimo valor não existe uma terceira possibilidade para qualquer $n$ que seja um número natural.

Algumas variáveis discretas assumem seus valores em conjuntos finitos. Tais variáveis são denominadas *categóricas*. Por exemplo, as notas que um estudante pode obter em uma disciplina podem ser definidas no conjunto {A, B, C, D, E}. A existência de determinada característica em um artefato pode ser classificada no conjunto {*existe, não existe, existe parcialmente, não se aplica*}.

Em ciência, muitas vezes fenômenos observados são classificados com variáveis categóricas, pois elas são em geral mais fáceis de compreender do que valores contínuos. Caso se avaliassem alunos com valores contínuos, seria razoável concluir que um aluno com nota 6,7812 é melhor do que um aluno com nota 6,7811?

Em alguns casos, é possível estabelecer regras de transformação de valores contínuos para discretos. Esse processo, chamado *discretização*, consiste em atribuir um valor discreto diferente para variados intervalos de valores contínuos. Por exemplo, considerando-se notas arredondadas para uma casa decimal após a vírgula, pode-se estabelecer uma correspondência entre o domínio contínuo e a variável categórica da seguinte maneira: notas de 0,0 a 4,9 poderiam ser consideradas conceito E; notas de 5,0 a 5,9, conceito D; notas de 6,0 a 6,9, conceito C; notas de 7,0 a 8,9, conceito B, e notas de 9,0 a 10,0, conceito A. Note-se, porém, que, quando se aplica o conceito de arredondamento para uma casa decimal depois da vírgula, o domínio da variável já foi transformado de contínuo em discreto porque, dessa forma, as notas possíveis limitam-se a 101 valores: {0,0, 0,1, 0,2, ..., 9,8, 9,9, 10,0}.

Na pesquisa experimental é importante classificar ainda as variáveis como medidas ou manipuladas. Uma *variável medida* é aquela cujo fenômeno será observado pelo pesquisador. Por exemplo, quantas vezes um usuário de uma ferramenta vai olhar no manual para obter informações para desempenhar a tarefa que lhe foi proposta. Essa variável tem como domínio o conjunto dos números naturais, e seus valores não são determinados pelo observador, mas simplesmente medidos.

Já a *variável manipulada* é aquela que o experimentador vai deliberadamente modificar para realizar seu experimento. Por esse motivo, tal variável também é chamada *variável experimental*. Um exemplo de variável manipulada poderia ser o número de passos da tarefa repassada aos usuários. O pesquisador poderia passar a alguns usuários, por exemplo, tarefas com cinco passos; a outros, com dez passos; a outros, com quinze passos etc. Assim, ao fazer a experimentação, o pesquisador manipula a variável referente ao número de passos da tarefa e observa o comportamento da variável medida, que consiste em contar quantas vezes o usuário vai olhar o manual da ferramenta.

Mas por que os pesquisadores manipulam uma ou mais variáveis enquanto observam outras? É porque eles querem encontrar dependências entre essas variáveis. No exemplo anterior, possivelmente o pesquisador estaria tentando descobrir se tarefas mais longas implicam ou não o usuário consultar o manual do sistema mais vezes.

Em princípio pode-se testar a dependência entre quaisquer variáveis manipuladas e observadas, mas nem sempre esse teste fará sentido. Antes de analisar uma dependência experimentalmente, o pesquisador em geral desenvolve uma teoria ou hipótese. No caso anterior, a hipótese poderia ser que, quanto maior a tarefa, maior a consulta ao manual feita pelo usuário. Outra hipótese possível seria que não importa o tamanho da tarefa, isso não influenciará o número de vezes que o usuário consulta o manual. É uma dependência que, tanto em um caso quanto no outro, parece valer a pena testar.

Mas nem sempre as dependências que podem ser testadas fazem sentido enquanto hipótese ou teoria. Por exemplo, manipular a variável "número de botões na tela do aplicativo" e medir a variável "número de vezes que o usuário espirra enquanto está usando a ferramenta" pode até ser divertido, mas é difícil que haja uma conexão entre os dois fenômenos. Outro exemplo seria observar o dia da semana e tentar verificar se programas rodam mais rápido na sexta-feira. O pesquisador até poderia criar experimentos controlados para mensurar isso, mas dificilmente encontraria uma conexão entre o dia da semana e a velocidade dos programas. Até porque a teoria corrente sobre programas não estabelece nenhuma conexão entre sua velocidade e o dia da semana. Tal hipótese então se revelaria falha.

Daí vem a importância de trabalhar com uma boa hipótese em pesquisa. Não basta realizar experimentos e encontrar relações entre variáveis. É preciso ter uma teoria que procure explicar o porquê dessas relações.

Há aqui também a caracterização, muito comum em pesquisa, dos termos *variável dependente* e *variável independente*. A variável independente é aquela que, supõe-se, influencia outra. A variável dependente é a influenciada.

Uma hipótese de pesquisa experimental, então, em geral terá uma associação de *implicação*, ou seja, antecedente/consequente, entre uma ou mais variáveis independentes e uma ou mais variáveis dependentes. Por exemplo, o número de passos em uma tarefa implica o aumento do número de vezes que o usuário consulta o manual? Essa seria uma hipótese de pesquisa em que a variável dependente é o número de consultas ao manual, e a variável independente é o número de passos da tarefa. Em geral, o pesquisador manipula a variável independente e mede a dependente. Nesse caso, como ambas as variáveis são numéricas, pode-se afirmar que se busca encontrar uma correlação direta, ou seja, quanto maior o número de passos, maior o número de consultas. Em outros casos, poder-se-iam pesquisar correlações inversas, em que o aumento no valor da variável independente causa diminuição na variável dependente.

Ainda existe a dependência linear e não linear. A *dependência linear* pode ser aproximada por um polinômio de primeiro grau. Por exemplo, poderia ser observado que, para cada passo na tarefa, o usuário faz mais duas consultas ao manual. Nesse caso, a relação entre o número de passos $x$ e o número de consultas $y$ poderia ser expressa pela função $y = 2x$.

*Dependências não lineares* usualmente são representadas por polinômios de grau superior a um ou ainda por equações com exponenciais, raízes ou logaritmos. Para o leitor que queira se aprofundar em outras formas de dependência, recomenda-se a leitura de um bom livro de Estatística, como o de Barbetta, Reis e Bornia (2008).

## 6.3 Hipótese de Pesquisa

Um aspecto que diferencia o trabalho científico do trabalho técnico é a existência de uma hipótese de pesquisa. A *hipótese* é uma afirmação da qual não se sabe a princípio se é verdadeira ou falsa. O trabalho de pesquisa consiste justamente em tentar provar a veracidade ou a falsidade da hipótese.

Um objetivo sem uma boa hipótese pode ser muito arriscado. Anteriormente foi dito que o objetivo consiste em tentar produzir algum conhecimento que ainda não existe. Mas, se não houver uma boa hipótese para justificar esse objetivo, corre-se o risco de realizar a pesquisa sem obter resultados. Por exemplo, ter como objetivo de pesquisa provar que P = NP é perfeitamente válido, pois esse problema é relevante para a sociedade, e o conhecimento necessário para resolver o problema ainda não existe. Porém, com que hipótese o pesquisador vai trabalhar? Se o problema de pesquisa for colocado simplesmente como "provar que P = NP", o pesquisador poderá ficar tateando a esmo, e o risco de fracasso será muito grande. É necessário, portanto, ter uma hipótese.

Uma *tese* consiste em uma hipótese ou conjetura. O *texto da tese* ou monografia é um documento em que o aluno apresenta argumentos a favor de sua tese. Daí a confusão que muitas vezes se faz com o termo "tese", que pode representar tanto o documento escrito quanto a hipótese de pesquisa.

O procedimento metodológico, como discutido anteriormente, deverá indicar como os testes deverão ser feitos. Ao final dos experimentos haverá evidências a favor ou contra a hipótese inicial. Nesse caso, alguém poderá perguntar: "E se não se conseguir provar que a hipótese era válida?" A resposta a essa pergunta dependerá de quão relevante era a hipótese original. Uma hipótese qualquer escolhida a esmo, sem nenhum tipo de justificativa, se não for confirmada, não traz nenhuma informação nova para a área de pesquisa. Mas uma hipótese sólida e bem justificada, com evidências de validade, que ao final é invalidada, ainda pode produzir informação interessante. No pior dos casos provará que aquilo que eventualmente se poderia aceitar de forma intuitiva como verdadeiro não resistiu à prova. É dessa forma que muitos mitos podem ser derrubados.

Sendo assim, além do objetivo, hipótese e procedimento metodológico, é fundamental que o trabalho de pesquisa tenha como base uma boa *justificativa* para a escolha da hipótese. Uma hipótese bem justificada no início do trabalho aumenta as chances de sucesso. Em primeiro lugar, é mais provável que ela seja verdadeira do que uma hipótese *ad hoc* sem justificativa. Em segundo lugar, se ela for falsa, o trabalho terá o mérito de ter derrubado algum mito do senso comum.

O trabalho científico na área de Computação consiste então em formular uma hipótese e coletar evidências para comprovar a sua validade.

Um problema de pesquisa, em geral, vai perguntar como duas ou mais variáveis se relacionam e se existe correlação positiva ou negativa entre os valores das variáveis. A existência dessas correlações, porém, ainda não explica causas. Uma teoria consistente que explique causa e efeito precisa ser elaborada. Isso acontece porque, algumas vezes, duas variáveis até se correlacionam com alto índice, mas as causas envolvidas podem não ser tão diretas.

Cita-se como exemplo o caso de uma empresa que decidiu verificar se funcionários bem alimentados trabalhavam melhor. A empresa passou a servir um café da manhã saudável para os seus funcionários em todas as filiais e, em praticamente todas, a produtividade aumentou. Qual a explicação? Funcionários bem alimentados trabalham melhor que funcionários mal alimentados? Parece fazer sentido.

Mas será realmente verdade? Será que foi mesmo a alimentação que fez os funcionários trabalharem mais? Para verificar isso, a empresa testou retirar o café da manhã saudável para verificar se os trabalhadores retornavam ao ritmo anterior. Para surpresa de todos, a produtividade cresceu ainda mais.

Como um cientista lidaria com esses dados aparentemente contraditórios? O caso é que se trata de verificar o real motivo do aumento de produtividade. E este não ocorreu por conta de uma alimentação melhor. Uma nova teoria foi formulada, explicando que o aumento de produtividade ocorreu devido à sensação de mudanças na empresa. Funcionários estão acostumados a perceber que modificações na empresa em geral implicam demissões. Por isso, cada vez que se observa uma modificação no ambiente (introdução ou retirada do café da manhã), os funcionários tendem a trabalhar mais para serem notados e garantirem seus empregos.

## 6.4 Justificativa da Hipótese

Foi comentado anteriormente que uma hipótese de trabalho é muito arriscada se não estiver solidamente apoiada em uma boa justificativa que apresente evidências de que vale a pena investir tempo e recursos na tentativa de comprovar a hipótese. Quem, em sã consciência, se proporia a trabalhar dois anos para provar que é melhor contratar programadores que torcem para determinado time de futebol porque eles são mais produtivos? Uma boa hipótese precisa ser justificável, ou seja, coerente com o conhecimento de como o mundo funciona.

Em uma monografia, deve-se justificar a escolha do problema de pesquisa; isso é usual. Mas mais importante ainda é *justificar a escolha da hipótese de pesquisa*. Por exemplo, se o tema de pesquisa é "compactação de texto", o objetivo de pesquisa é obter um algoritmo com maior grau de compactação do que os algoritmos comerciais. A *justificativa do problema de pesquisa* poderia citar que os algoritmos que compactam melhor são muito lentos em relação a outros que compactam menos. O objetivo de pesquisa poderia ser, então, definir um algoritmo que compacte tanto quanto os que compactam mais, mas que seja tão rápido quanto os mais rápidos.

Neste caso, qual a hipótese de pesquisa? O aluno poderia, por exemplo, acreditar que determinado modelo de rede neural poderia ser modificado para ficar rápido e compactar bastante. Mas, por que ele acredita nisso? Leu sobre isso em algum lugar? Realizou experiências e observou resultados promissores? Refletiu sobre a estrutura da rede e especulou que poderia modificá-la para atingir os objetivos?

Escolher a hipótese de pesquisa é uma *aposta* que se faz para a solução do problema de pesquisa. Quanto mais evidências o pesquisador possuir de que essa hipótese é uma boa aposta, menos risco ele corre. Assim, a *justificativa da hipótese* deverá se concentrar em apresentar evidências de que o modelo de rede neural escolhido poderá produzir a solução esperada para o problema de pesquisa.

Por vezes, não se chega ao ponto de solucionar totalmente o problema de pesquisa. Por exemplo, o algoritmo poderia ser quase tão rápido quanto os mais rápidos e quase tão eficaz quanto os mais eficazes. O objetivo de obter um algoritmo melhor nos dois casos não foi obtido. Mas, talvez este algoritmo ainda seja muito bom, pois obtém resultados melhores e mais rápidos que a maioria dos demais. Outra situação a que se poderia chegar é a observação de que este algoritmo é o melhor *apenas* se o texto a ser comparado for escrito em determinada língua. Uma possível explicação para isso poderia ser o fato de a língua em questão usar ou não acentuação ou ter mais ou menos consoantes, ou ainda as próprias estruturas de escrita da língua. Neste caso, embora o algoritmo não seja uma solução ideal para o caso geral, poderá ser uma solução ideal para um caso específico, constituindo-se, assim, em uma solução parcial ao problema de pesquisa, mas relevante.

Para justificar a hipótese de pesquisa será necessário apresentar alguma evidência de que adotá-la pode levar a bons resultados. Essas evidências podem ser referências a outros trabalhos que, eventualmente, mostraram algum tipo de resultado correlato que aponte para a viabilidade da hipótese escolhida ou, ainda, constituir-se em dados colhidos preliminarmente pelo próprio autor do trabalho ou em um estudo de caso exploratório.

## 6.5 Resultados Esperados

Em geral, os *resultados esperados* são situações que o autor de um trabalho espera que ocorram caso seus *objetivos* sejam atingidos. Ao contrário dos objetivos, os resultados esperados normalmente não são obtidos durante o trabalho. Eles são posteriores. Os objetivos serão perseguidos pelo autor e, ao final do trabalho, ele dirá se foram ou não atingidos. Já os resultados esperados possivelmente ocorrerão após o trabalho se tornar conhecido e passar a ser adotado pelos pesquisadores ou profissionais afetados.

Por exemplo, o objetivo do trabalho poderá ser a definição de um método de estimação de esforço para desenvolvimento de software mais preciso do que os métodos do estado da arte. O autor da pesquisa deverá ter uma boa hipótese para fundamentar esse objetivo em primeiro lugar. Ele deveria realizar uma pesquisa bibliográfica para conhecer o estado da arte. Depois, ele poderia realizar um conjunto de experimentos que poderão ou não demonstrar a validade da hipótese. O objetivo do trabalho seria obter um método mais preciso que os existentes. Quais seriam então resultados esperados para esse trabalho?

Esse pesquisador poderia apresentar, inicialmente, como resultados esperados de seu trabalho, a adoção do seu método pela indústria e o melhor desempenho das empresas produtoras de software que venham a utilizar esse método de estimação.

Como se vê aqui, é praticamente impossível que o autor obtenha esses resultados esperados durante a realização de sua pesquisa. Mas eles poderão eventualmente ocorrer depois. Também é possível que não ocorram porque, por outros motivos quaisquer, poderá acontecer que nenhuma empresa venha a adotar o seu método.

Assim, pode-se dizer que os objetivos devem ser *verificáveis* ao final do trabalho, inclusive os objetivos específicos. Já os resultados esperados são apenas *esperanças* e não podem necessariamente ser verificados ao final do trabalho.

No início do trabalho de pesquisa, uma forma de se tentar determinar quais são os resultados esperados do trabalho consiste em fazer a pergunta: "O que possivelmente mudaria no mundo/indústria/sociedade/academia se eu atingisse os objetivos da minha pesquisa?"

## 6.6 Limitações do Trabalho

Ao contrário do que alunos iniciantes muitas vezes pensam, não é possível resolver todos os problemas da Humanidade em dois ou três anos de trabalho. Querer fazer isso pode ser associado com a "síndrome de querer mudar o mundo" ou "síndrome do Prêmio Nobel" (Mullins e Killey, 2002).

Um trabalho de pesquisa pode começar muitas vezes com um objetivo demasiadamente ambicioso e, portanto, inalcançável durante o tempo disponível para a realização do curso. Sendo assim, muitas vezes é necessário realizar cortes nos objetivos ou limitar a forma de persegui-los. Em vez de demonstrar que uma hipótese é sempre verdadeira, pode-se optar por demonstrar que ela é verdadeira apenas em determinadas condições, para as quais foi possível realizar testes convincentes. Por exemplo, um método de estimativa de esforço poderia ser comprovadamente mais preciso apenas para determinada classe de sistemas, como, por exemplo, sistemas baseados em web. Assim, o fato de que o método não foi testado com outros tipos de sistemas, como software básico, sistemas embarcados ou jogos eletrônicos, não é uma falha do trabalho, mas uma *limitação*.

As limitações são, portanto, aspectos do trabalho dos quais o autor tem consciência e reconhece a importância, mas não tem condições de abordar no tempo disponível. Mas isso só se refere normalmente a escopo, não a procedimentos metodológicos incompletos. Por exemplo, não seria aceitável uma limitação que dissesse que a hipótese não foi testada por falta de tempo.

É importante, em trabalhos de pesquisa, que as limitações conhecidas sejam claramente identificadas pelo autor desde o início. Isso evitará que o próprio autor se perca em divagações ou na busca de aspectos que extrapolam os objetivos iniciais. Isso evita também que o leitor crie expectativas demasiadamente amplas sobre o trabalho, que serão depois frustradas.

De novo, espera-se que uma boa interação com o orientador ajude o aluno a colocar as devidas limitações nos seus objetivos, para que o trabalho possa ser concluído com sucesso no tempo disponível.

## 6.7 Discussão

De acordo com o que foi visto neste capítulo, o trabalho de pesquisa deverá estar enquadrado em um *tema* que, como área de conhecimento, deverá ser de domínio do pesquisador. Dentro do tema, o pesquisador deverá estabelecer um ou mais *objetivos* a serem buscados. Esses objetivos deverão contar com pelo menos uma *hipótese de trabalho*, a qual deve ter uma boa *justificativa* para ter sido escolhida. O *procedimento metodológico* vai esclarecer como a hipótese será testada pelo autor do trabalho, e as *limitações* deixarão claro quais aspectos não serão abordados.

É compreensível a dificuldade de muitos alunos que ingressam, especialmente no mestrado, em compreender essa estrutura e realizar um trabalho organizado dessa forma. Surgem, assim, dissertações que muitas vezes são meramente uma apresentação de um sistema, uma proposta testada em apenas uma ou duas situações, ou, ainda, dissertações que se concentram em coletar dados e não elaboram adequadamente os conceitos que os dados representam.

Essa dificuldade deve-se especialmente ao fato de que talvez pela primeira vez em sua vida o aluno será colocado diante de um trabalho individual extenso, em que a sua iniciativa será fundamental para o sucesso. Trabalhos escolares, mesmo na graduação e na especialização, resumem-se, muitas vezes, apenas à pesquisa bibliográfica. O aluno simplesmente coleta material de várias fontes de forma *ad hoc* e organiza essa informação de uma maneira pessoal. A estrutura da pesquisa científica, especialmente no mestrado e no doutorado, vai muito além da pesquisa bibliográfica, como se procurou mostrar neste capítulo.

# 7

# Revisão Bibliográfica

A revisão bibliográfica para um trabalho de pesquisa deve ser muito bem planejada e conduzida. Pode-se iniciar a pesquisa com uma leitura de trabalhos mais abrangentes que deem uma visão do todo para depois ir se aprofundando em temas cada vez mais específicos.

Quando se faz uma pesquisa em que alguma técnica de Computação é aplicada a alguma outra área do conhecimento, é necessário fazer a revisão bibliográfica sobre a técnica em si, sobre a área de aplicação e, mais do que tudo, sobre as aplicações que já foram tentadas com essa técnica ou com técnicas semelhantes na mesma área ou em áreas equivalentes. Exemplificando, um aluno que pretende desenvolver um sistema multiagentes para auxiliar controladores de voo deve conhecer profundamente os sistemas multiagentes e os problemas que os controladores de voo enfrentam para exercer a profissão. Porém, ele não deve pensar, como algumas vezes acontece, que essa é a primeira vez que alguém vai tentar desenvolver um sistema multiagentes para esse tipo de aplicação. O aluno da catapulta, mencionado anteriormente, estudou rios e catapultas, mas não procurou saber se alguém já tinha tentado atravessar um rio usando uma catapulta. Se essa pesquisa existisse e ele tivesse acesso a ela, teria visto que os resultados não eram animadores e talvez tivesse escolhido outro tema de pesquisa antes de ter dedicado a maior parte do seu tempo de mestrado a algo infrutífero.

Uma monografia sobre pesquisa aplicada que apresenta uma boa revisão bibliográfica da ferramenta de Computação e da área de aplicação, mas que não menciona nenhuma tentativa anterior de aplicação dessa ferramenta na área sofre da "síndrome da interseção esquecida". Uma monografia com esse problema estará possivelmente reinventando a roda.

A *síndrome da interseção esquecida*, em geral, é justificada pelos alunos com frases do tipo "Não encontrei nada parecido com o que estou fazendo". Esse raciocínio negativo deve ser evitado. Nunca se deve dizer que não se achou nada semelhante. Algo deve ser apresentado como referência. Essa referência poderá ser mais semelhante ou menos semelhante à abordagem usada de um ponto de vista relativo. Mas sempre a abordagem mais semelhante de todas (por menos semelhante que seja) deve ser buscada.

Pode ser interessante pensar assim: "Ninguém fez algo parecido com o que estou fazendo, mas muitas coisas já foram feitas pelos seres humanos ao longo da sua história. Então, eu poderia classificar as coisas que já foram feitas em termos de grau de semelhança com aquilo que estou fazendo. As coisas mais parecidas com o meu trabalho serão minha referência, mesmo que a semelhança seja pequena."

Assim, evita-se o *fundamento vazio*, ou seja, dizer que o seu trabalho é original porque ninguém nunca fez nada parecido. Não se deve fundamentar todo um trabalho de pesquisa em uma negação. Deve-se mostrar o que outros fizeram e depois mostrar que o trabalho feito é diferente ou melhor do que essas referências.

## 7.1 Tipos de Fontes Bibliográficas

Há vários tipos de fontes bibliográficas. Cada uma terá sua utilidade em determinados momentos da pesquisa. Os *livros* em geral contêm informação mais completa, didática e bem amadurecida. O objetivo do livro é justamente apresentar determinada área da ciência de forma didática e bem fundamentada. Raramente serão encontradas em livros informações sobre trabalhos futuros, que conduzem a ideias de pesquisa.

Alguns livros se dedicam especificamente à apresentação de problemas em aberto em determinadas áreas, mas não são a maioria. Em geral, tais livros são produtos de eventos científicos. A maioria dos livros didáticos procura apresentar apenas a informação que já está consolidada.

Ideias de pesquisa serão encontradas mais facilmente em artigos que, em geral, são publicados em conferências ou periódicos. A maioria das ciências exatas preza mais a publicação em periódicos. A área de Computação, porém, tem características distintas em relação a esse aspecto, visto que considera publicações em conferências tão importantes, e muitas vezes até mais importantes, do que publicações em periódicos.

Isso significa que, na área de Computação, bons artigos poderão ser encontrados tanto em periódicos quanto em anais de conferências. Que diferenças podem então ser esperadas? O processo de submissão e publicação em conferências e periódicos é diferente. Por isso, pode-se esperar diferentes tipos de artigos nesses dois veículos.

As conferências, normalmente, têm uma data-limite para submissão de trabalhos. De um conjunto de trabalhos enviados e avaliados, os melhores são encaminhados para publicação. Em geral, são sugeridas algumas modificações, mas dificilmente uma segunda rodada de avaliação é realizada.

Já no caso de periódicos, não existem datas-limite, a não ser no caso de edições especiais. Os artigos são submetidos, avaliados, e revisões são sugeridas. Posteriormente, os artigos são enviados de novo, avaliados, e assim por diante. Esse processo de ida e volta pode acontecer várias vezes, e pode até levar alguns anos até que o artigo seja publicado.

Então a diferença que se pode esperar é a seguinte: os artigos em conferências terão informações mais atuais, mas poderão variar bastante em termos de qualidade. Já os artigos em periódicos terão sido arduamente revisados e lapidados ao longo de interações entre autores e revisores, mas quando publicados talvez já não sejam mais tão atuais quanto os artigos em conferências.

Fica a ressalva de que toda regra tem exceção, porque existem periódicos que publicam artigos rapidamente e eventos cujo índice de exigência é tão alto que publicarão apenas artigos do mais alto grau de excelência.

O pesquisador iniciante em determinada área deverá começar a revisão bibliográfica por uma literatura mais abrangente, que lhe apresente uma visão geral da área e seus problemas de pesquisa em estudo. Podem-se buscar em livros os conceitos mais fundamentais, observando-se sempre se é a edição mais recente que se está consultando. Podem-se também examinar mapeamentos sistemáticos da literatura, que são publicações que têm como objetivo exatamente apresentar um panorama da pesquisa em determinada área. Esse tipo de bibliografia apresenta ao pesquisador o estado da arte da área de pesquisa e, possivelmente, sua evolução histórica, indicando diferentes desdobramentos e as principais realizações.

Em relação às demais fontes, pode-se diferenciar entre os trabalhos clássicos e o estado da arte. Os trabalhos *clássicos* são aqueles já publicados há muito tempo e que foram citados em muitos outros trabalhos. São trabalhos, assim, com alto índice de impacto ao longo dos anos. Sempre que o pesquisador for citar algum conceito clássico, deve se referir ao trabalho mais original. Por exemplo, se a teoria *X* foi formulada por fulano em 1975, quando uma pesquisa se referenciar à teoria *X*, deve citar "(Fulano, 1975)". Se beltrano usou esta teoria em 2017, sem produzir alterações nela, e mencionou em seu trabalho, seria possível *até* citar "(Fulano, 1975, *apud* Beltrano, 2017)". Mas isso quer dizer que o pesquisador não leu o trabalho de 1975, mas apenas a referência secundária a ele, feita em 2017. Deve-se evitar isso. Se possível, o trabalho original deve ser buscado e estudado. Se não for possível, porém, obter o trabalho original, o *apud* é tolerável, mas não deve ser usado com frequência.

Já os trabalhos do *estado da arte* são aqueles mais recentes. São normalmente trabalhos que ainda têm poucas citações por serem recentes, mas são importantes porque indicam as realizações mais recentes na área e possivelmente ainda não estão superados.

## 7.2 Leitura Crítica

A leitura de trabalhos científicos não deve ser encarada apenas como um *aprendizado*. O pesquisador deve exercer, antes de tudo, o *espírito crítico*, para questionar a validade das informações registradas nos textos que estão sendo lidos. A aceitação passiva de tudo o que é lido não gera no pesquisador o espírito de busca por novas informações.

Para que o tema de pesquisa se transforme em um objetivo, é necessário que a leitura produza questionamentos. Sem perguntas não há respostas. Muitas perguntas que o pesquisador fizer a si mesmo ao longo da leitura de um texto possivelmente ainda não terão respostas e serão, portanto, excelentes candidatas a objetivos de pesquisa.

Algumas perguntas-chave poderão ajudar o leitor a transformar uma leitura passiva em uma leitura rica e geradora de ideias para pesquisa. Entre elas:

1. De onde o autor parece tirar suas ideias?
2. O que foi obtido efetivamente como resultado desse trabalho?
3. O que foi feito poderia ser feito de outro modo?
4. Se determinada condição estivesse presente/ausente, isso afetaria os resultados?
5. Como esse trabalho se relaciona com outros na mesma área?
6. Qual seria o próximo passo razoável para dar continuidade a essa pesquisa?
7. Os resultados do trabalho podem ser aplicados em outras áreas?
8. Que ideias de outras áreas poderiam ser aproveitadas nesse trabalho?

As perguntas geradoras mencionadas também poderiam ser usadas para avaliar a qualidade do trabalho que está sendo lido. No caso da primeira pergunta, se não for possível descobrir de onde o autor tira suas ideias, provavelmente se estará diante de um trabalho fraco, pois as ideias devem vir de referências bibliográficas ou da observação de fenômenos, ou então são hipóteses criadas pelo autor, as quais serão comprovadas ao longo do trabalho.

Em geral, os autores não deveriam simplesmente escrever frases como "o interesse pela internet tem crescido muito ao longo dos últimos anos". Uma afirmação como essa, embora, à primeira vista, seja consensual, precisaria ter uma base. Essa base pode ser uma referência a outro trabalho, que tenha realizado uma pesquisa sobre o assunto. A base também pode ser um levantamento estatístico realizado pelo próprio autor ou alguma empresa, que demonstra a validade da afirmação. Uma tabela ou gráfico com fonte confiável ajudaria mais do que simplesmente dizer o que foi afirmado na frase. Mais adiante será visto também que essa frase específica ainda comporta vários outros problemas, como, por exemplo:

- Como se define e se mede "interesse"?
- Como se conceitua "crescer *muito*"? Em que isso é diferente de "crescer"?
- Que período compreende os "últimos anos"?

Em relação à segunda pergunta geradora, "O que foi obtido efetivamente como resultado desse trabalho?", se não houver possibilidade de resumir em poucas palavras a contribuição real do trabalho, possivelmente o texto é confuso e mal organizado, não deixando clara a efetiva contribuição do artigo para a ciência.

Em relação à terceira pergunta, "O que foi feito poderia ser feito de outro modo?", ela leva o leitor a se perguntar se a abordagem escolhida pelo autor do trabalho foi correta e adequada. A falta de procedimentos confiáveis de amostragem, por exemplo, pode levar o leitor a duvidar dos resultados. Além disso, essa pergunta também leva o leitor a pensar se outras hipóteses não poderiam ser estudadas alternativamente nessa pesquisa.

Em relação à quarta pergunta, "Se determinada condição estivesse presente/ausente, isso afetaria os resultados?", ela é uma grande geradora de ideias novas, já que muitas vezes pesquisas são conduzidas em condições gerais de normalidade.

Perguntar, por exemplo, como o artefato funcionaria em condições extremas, ou na falta de determinadas condições presumidas, poderia levar a interessantes questionamentos e, possivelmente, a ideias de pesquisa.

Em relação à quinta pergunta geradora, "Como esse trabalho se relaciona com outros na mesma área?", espera-se, a princípio, que o próprio trabalho deixe isso bem claro, citando adequadamente *e fazendo comparações* com trabalhos correlatos. Caso isso não seja feito, o leitor poderá tentar estabelecer as relações entre o trabalho lido e outras obras. Muitas vezes, aspectos importantes sobre o trabalho (falhas) são descobertos por meio dessas comparações. Trabalhos que apenas citam trabalhos correlatos, mas não fazem comparações com o que foi desenvolvido no próprio trabalho, são considerados de baixa qualidade.

Em relação à sexta pergunta geradora, "Qual seria um próximo passo razoável para dar continuidade a essa pesquisa?", a resposta poderá ser um excelente objetivo de pesquisa. Muitas vezes, as questões de pesquisa já estão colocadas no trabalho pelos autores na esperança de que outros grupos deem continuidade à pesquisa. Apenas deve-se ter cuidado com indicações de trabalhos futuros eminentemente técnicos, por exemplo, portar a ferramenta para Web. Isso não é um trabalho de pesquisa, é um trabalho técnico.

A sétima pergunta, "Os resultados do trabalho podem ser aplicados em outras áreas?", fará o pesquisador pensar em casos especiais de generalização do trabalho sendo estudado. Se funcionou para a área *X*, será que funcionaria também para a área *Y*? Um algoritmo que comprime texto também comprime imagens?

A oitava pergunta, "Que ideias de outras áreas poderiam ser aproveitadas nesse trabalho?", traz ao pensamento do pesquisador possíveis melhoramentos ao trabalho sendo estudado em função de conceitos correlatos de outras áreas de pesquisa, que possivelmente não eram conhecidos dos autores do trabalho. Dessa forma, o sucesso da aplicação de algum desses conceitos correlatos no trabalho em questão poderá dar origem a uma interessante hipótese de pesquisa, que, se tiver uma justificativa plausível, poderá ser um excelente objetivo de pesquisa.

## 7.3 Exposição à Pesquisa

Além da leitura, o pesquisador, na fase de geração de ideias, deverá estar constantemente exposto a um ambiente científico. No caso de alunos de mestrado e doutorado, na fase de elaboração do objetivo de pesquisa, é fundamental que tentem, pelo menos uma vez por semana, gerar uma ideia de pesquisa para ser discutida com o orientador.

Regularmente, o pesquisador deverá ler pelo menos os resumos dos artigos publicados nos principais periódicos e eventos na sua área de pesquisa. Além dos resumos, deve-se procurar ler pelo menos um ou dois artigos de maior relevância para a área de pesquisa.

Além disso, sempre que possível, o pesquisador deverá participar de palestras e seminários nos quais poderá trocar ideias com outros pesquisadores, além de observar a forma de trabalho de outros grupos de pesquisa. No caso de alunos de mestrado e doutorado, isso implica também participar, como ouvinte, do maior número possível de defesas de teses e dissertações, mesmo que não sejam referentes à sua área de pesquisa específica. Isso é importante para que eles compreendam como os trabalhos são avaliados pelas bancas.

## 7.4 Pesquisa Bibliográfica Sistemática

Um dos problemas pelos quais os alunos eventualmente passam, conforme já mencionado, é justificar que não encontraram nada efetivamente ligado ao assunto que desejam pesquisar. Buscas desorganizadas dificilmente levarão a bons resultados ou darão segurança ao aluno quando lhe for perguntado: "Será que alguém já não fez isso?".

Uma das formas de melhor se defender de observações do tipo "você não procurou direito" é fazer uma revisão bibliográfica *sistemática* da literatura. A ideia é preparar e documentar um protocolo de revisão de forma que o processo possa ser repetido de maneira independente e produzir os mesmos resultados.

Um ponto essencial em uma revisão sistemática é a escolha das palavras-chave. Escolhas muito genéricas produzirão demasiados resultados, dificultando a pesquisa. Por outro lado, termos muito restritivos ou a falta de alguns termos equivalentes, como sinônimos, na pesquisa poderão fazer com que resultados importantes não apareçam.

Assim, espera-se que o pesquisador elabore com cuidado a lista de termos para a pesquisa e que, caso seja inexperiente, como por exemplo, um estudante, solicite uma revisão por parte de seu orientador ou de alguma pessoa mais experiente, tanto no domínio do trabalho quanto na realização de revisões sistemáticas.

Isso entendido, convém ainda mencionar que, em relação aos objetivos da pesquisa bibliográfica, pode-se falar em dois tipos:

- *Revisão sistemática da literatura* (*RSL*): o objetivo é responder a questões de pesquisa bem específicas sobre algum tópico a partir da análise do conteúdo de um número significativo de artigos primários (artigos que efetivamente reportam resultados de pesquisa teórica ou empírica). O objetivo neste caso é chegar a alguma conclusão a partir do estudo do conteúdo destes artigos.
- *Mapeamento sistemático da literatura* (*MSL*): o objetivo é mais abrangente e consiste em conhecer o que se está fazendo de pesquisa em determinada área, sem necessariamente responder a questões mais específicas. Muitas vezes, esse tipo de pesquisa visa determinar se algum tópico está recebendo mais atenção do que outros ou mesmo se há lacunas nas pesquisas dentro de alguma área.

Como se pode ver, no caso de RSL vai-se buscar um conjunto mais restrito de artigos, e eles serão analisados em profundidade. Já no caso da MSL, usualmente se trabalha com um número maior de artigos que são analisados de forma mais superficial.

Muitas vezes é recomendado que se faça uma MSL como preliminar para uma RSL. Ou seja, primeiro você vai ver um panorama geral da sua área de pesquisa para depois escolher um foco e responder questões de pesquisa mais fechadas neste tópico.

Recomenda-se que todo trabalho de pesquisa inicie-se com uma revisão bibliográfica. A rigor, considera-se até que, antes de elaborar questões de pesquisa, pelo menos um mapeamento da literatura seja feito. O problema de fazer uma revisão *ad hoc* (não sistemática) é a possibilidade de deixar de fora trabalhos importantes relevantes para a pesquisa e, com isso, redescobrir a roda, ou seja, chegar a algum resultado de pesquisa que eventualmente já foi relatado em algum outro trabalho que ficou de fora da revisão bibliográfica.

A revisão sistemática não elimina este risco, mas acredita-se que ela pode ajudar a reduzi-lo bastante. Além disso, o fato de que ela pode ser objetivamente avaliada e até repetida permite que se possa dizer o quanto ela foi bem-feita. Um pesquisador pode, por exemplo, olhar a *string* de pesquisa usada e chegar à conclusão de que ela deixou de fora alguns termos relevantes e, assim, propor uma nova execução da revisão. Já no caso da revisão *ad hoc*, é bem mais difícil saber se algum trabalho ficou de fora, porque não se tem nenhum parâmetro para fazer esta verificação.

### 7.4.1 Riscos

Apesar das evidentes vantagens da revisão sistemática em relação à revisão *ad hoc*, ela também apresenta seus riscos. O primeiro deles e, possivelmente, o mais evidente, está relacionado com a *string* de busca. Uma *string* muito genérica irá retornar um número muito grande de estudos, dificultado o exame destes em função do volume. Assim, em uma situação dessas, corre-se o risco de abandonar a pesquisa pela impossibilidade de concluí-la em um tempo razoável. Por outro lado, a solução para este risco consiste em adicionar mais termos que deixem a pesquisa mais restritiva, ou seja, termos que são combinados com os demais por "and" ("e"), o que vai reduzir a quantidade de resultados e possivelmente focar em artigos mais relevantes.

Deve-se mencionar que usualmente os termos de uma pesquisa devem ser informados em inglês já que a maioria dos trabalhos relevantes de pesquisa são publicados nessa língua. Eventualmente, termos em outras línguas poderão ser procurados, especialmente quando se deseja comparar resultados de trabalhos publicados em línguas diferentes. Um exemplo deste caso pode ser encontrado na revisão feita por Ramos *et al.* (2015), que compara a realidade do ensino de informática no Brasil em relação ao resto do mundo.

Mas outro risco consiste em deixar de mencionar na *string* de busca sinônimos de palavras-chave que podem ser importantes. Por exemplo, caso esteja fazendo um mapeamento sistemático de modelos ágeis (*agile models*), uma primeira *string* de busca poderia ser "*agile* AND *model*", indicando que se desejam trabalhos em que as palavras "*agile*" e "*model*" apareçam simultaneamente. Porém, alguns trabalhos poderão falar em "*agile method*" e assim, não satisfazer à *string* de busca. Neste caso, a solução consiste em reformular a *string* de busca para "*agile* AND (*model* OR *method*)". Como a precedência do AND é maior que a do OR será necessário usar parênteses na *string* (desde que o motor de busca assim o permita).

Outro risco está mais relacionado com o conteúdo dos trabalhos em si e é o caso do *viés*. Assim, pode ser perigoso tomar dados que são resultado de publicações e combiná-los para obter uma base maior. Comenta-se de uma situação em que um pesquisador "provou" a existência da paranormalidade pegando dados de vários estudos publicados, os quais sozinhos não eram estatisticamente relevantes. Mas quando combinados todos esses dados, produziu-se um conjunto grande o suficiente de evidências para comprovar estatisticamente o fenômeno. O problema, neste caso, é o viés, pois o pesquisador não realizou as pesquisas independentemente, mas usou dados de publicações. Ora, pode-se imaginar que muitos pesquisadores tenham produzido essas pesquisas primárias e que alguns deles tiveram resultados promissores e outros não. O problema é que apenas as pesquisas com resultados promissores foram publicadas; as que não apresentaram esse tipo de resultado foram simplesmente abandonadas. Assim, usar apenas os dados publicados como uma base para análise estatística produz um resultado possivelmente errado, pois está acometido de viés.

Um risco importante para a pesquisa sistemática é deixar de fora trabalhos importantes por causa de uma *string* de busca extremamente restritiva. Uma forma de mitigar este risco consiste em listar aqueles trabalhos que já se saiba que são relevantes e verificar se todos eles são retornados pelo menos uma vez durante as buscas. Se um ou mais destes trabalhos não foi retornado, deve-se verificar porque a *string* de busca o deixou de fora e esta deve ser reformulada.

## 7.4.2 Recursos

O primeiro passo para a realização de uma revisão sistemática é seu planejamento, que deve ser rigoroso e bem documentado.

Antes de tudo, você deve verificar se já não foi feita uma revisão sistemática ou mesmo um mapeamento sistemático sobre o tema que você vai abordar. Acredite, muitos estudos deste tipo são feitos e publicados mundo afora. Então inicie procurando pelas pesquisas secundárias disponíveis na sua área de interesse. Talvez você nem precise fazer a revisão sistemática se encontrar alguma já feita que responda às suas perguntas. Algumas áreas, especialmente as ligadas às ciências da saúde, disponibilizam até portais[1] nos quais os termos usados em revisões sistemáticas podem ser consultados e mesmo reservados. Ou seja, um pesquisador pode ir em um desses portais e avisar que nos próximos meses vai fazer uma revisão sistemática com os termos *X*, *Y* e *Z*. Assim, outros pesquisadores evitam fazer revisões com os mesmos termos em um espaço de tempo (usualmente seis meses) e aguardam, se for o caso, os resultados da revisão que já está em andamento. Isso evita trabalho repetido desnecessário.

Bem, depois de determinar que de fato não há nenhum trabalho publicado que atenda às suas necessidades de informação, você deve decidir se vai fazer um mapeamento ou uma revisão. Opte pelo mapeamento se o objetivo for conhecer um tópico de pesquisa em sua extensão; pode ser uma boa opção para se começar. Faça uma revisão, porém, se você já tem uma ideia da abrangência dos estudos e deseja coletar informações em estudos primários para responder a alguma questão de pesquisa específica sobre este conteúdo.

---

[1] Um exemplo é o portal PROSPERO, acessível em: <https://www.crd.york.ac.uk/prospero/>.

Um passo seguinte seria a identificação das fontes de pesquisa. É altamente recomendado que o pesquisador selecione várias fontes de dados, já que elas muitas vezes não indexam as mesmas publicações. Felizardo *et al.* (2017) apresenta uma lista de sugestões de boas fontes de textos para a área de computação, conforme mostrado na Tabela 7.1.

**Tabela 7.1** Algumas das principais fontes de publicações em Computação

| **Fonte de informação** | **Endereço *online*** | **Tipo** | **QR Code** |
|---|---|---|---|
| IEEE Xplore | ieeexplore.ieee.org | Base bibliográfica | |
| ACM digital library | dl.acm.org | Híbrida | |
| Citeseer library | citeseerx.ist.psu.edu | Motor de busca | |
| Google Scholar | scholar.google.com | Motor de busca | |
| Inspec | www.theiet.org/publishing/inspec | Motor de busca | |

*(continua)*

**Tabela 7.1** Algumas das principais fontes de publicações em Computação
*(continuação)*

| **Fonte de informação** | **Endereço *online*** | **Tipo** | **QR Code** |
|---|---|---|---|
| Engineering Village | www.engineeringvillage.com | Motor de busca | |
| Springer Link | link.springer.com | Base bibliográfica | |
| Scopus | www.scopus.com | Motor de busca | |
| ScienceDirect | www.sciencedirect.com | Base bibliográfica | |
| Wiley online library | onlinelibrary.wiley.com | Híbrida | |
| Isi Web of Science | login.webofknowledge.com | Motor de busca | |

*Fonte*: Adaptada de Felizardo *et al.* (2017).

É preciso ter em mente que algumas dessas fontes, como no caso da Springer e IEEE, indexam apenas publicações da própria editora. Já os motores de busca são mais ecléticos. Por outro lado, a Wiley e ACM são consideradas híbridas porque tanto retornam publicações próprias quanto de outras fontes.

Em geral não se recomenda o uso do Google como motor de busca para pesquisa sistemática porque, como o seu mecanismo de busca se adapta às preferências do usuário, ele não vai fornecer os mesmos resultados para diferentes usuários ou até para o mesmo usuário em diferentes momentos. Isso inviabiliza a repetição da pesquisa e, portanto, sua verificabilidade. Porém, o Google é uma excelente ferramenta para localizar artigos que eventualmente não estejam disponíveis de forma gratuita nas bases de dados. Muitas vezes esses artigos podem ser obtidos na página pessoal do autor ou podem ser solicitados a ele. Alguns sites como *academia.edu* e *researchgate.net* procuram atuar também como plataformas de relacionamento nas quais pesquisadores podem compartilhar suas publicações de forma pública ou privada.

### 7.4.3 Protocolo

O *protocolo de revisão* é um documento formal que estabelece clara e objetivamente todo o processo de revisão que será feito. Ele deve ser escrito e, de preferência, até publicado (há sites especializados para isso). A existência do documento formal escrito ajuda a evitar que os pesquisadores que estiverem realizando a revisão se desviem do caminho previamente definido.

Pode-se argumentar, porém, que ao longo da revisão é possível que mudanças legítimas sejam sentidas como necessárias. Para mitigar esse problema, recomenda-se que os revisores realizem uma revisão-piloto, antes de realmente iniciar o trabalho. A revisão-piloto poderia ser, por exemplo, um mapeamento sistemático, ou mesmo uma revisão completa, mas com escopo diminuído; por exemplo, considerando-se apenas artigos de um período mais restrito, como um único ano. Dessa forma, com menos artigos para revisar, os pesquisadores poderão ter uma ideia de como a revisão *full* vai ocorrer, e dúvidas e inconsistências poderão ser sanadas antes de iniciar o trabalho real.

Segundo Kitchenham e Charters (2007), o documento de protocolo de revisão deve conter pelo menos os seguintes elementos:

- *Background*. A razão e a motivação para realização da revisão.
- As *questões de pesquisa* que se deseja responder. Detalhes sobre as questões de pesquisa são apresentados no Capítulo 8.
- A *estratégia de pesquisa*. Este tópico deve conter a *string* de busca (palavras-chave) e as fontes de dados, entre motores de busca e bibliotecas específicas.
- Os *critérios para inclusão e exclusão de trabalhos*. Recomenda-se que esses critérios sejam testados na avaliação-piloto, se houver, para que sua interpretação seja a mais homogênea possível entre os pesquisadores.
- Os *procedimentos de seleção de estudos*. Deve-se indicar quantos avaliadores farão o trabalho, se eles vão abordar diferentes fontes ou se replicarão o traba-

lho. Usualmente, recomenda-se que os pesquisadores façam uma divisão das fontes de busca, de forma que não avaliem os mesmos artigos, mas que alguns artigos em comum sejam avaliados por mais de um avaliador para verificar se os critérios de inclusão e exclusão são aplicados de forma homogênea.

- *Procedimentos e checklists de avaliação de qualidade.* Os avaliadores devem desenvolver e registrar os procedimentos e *checklists* para avaliar a qualidade dos artigos estudados.
- *Estratégia de extração de dados.* Deve-se definir como as informações serão extraídas dos artigos para responder às questões de pesquisa. Isso pode incluir questionários, tabelas e *checklists.*
- *Síntese dos dados extraídos.* Deve-se informar como os dados extraídos serão sintetizados e apresentados e se alguma meta-análise será feita.
- *Estratégia de disseminação.* Indica como as descobertas serão divulgadas ou publicadas.
- Cronograma de trabalho.

Quando o protocolo de revisão é elaborado por pesquisadores com pouca experiência, como estudantes, por exemplo, é extremamente recomendado que este seja revisado por um pesquisador mais experiente, como o orientador ou um pesquisador sênior com conhecimento profundo da área de pesquisa.

Devem-se evitar critérios de inclusão/exclusão do tipo "serão analisados apenas os primeiros 50 artigos retornados pela busca". Neste caso, por exemplo, se a pesquisa retornou 1500 artigos, e o pesquisador só vai ler os primeiros 50, o que ocorre com os outros 1450? É provável que muita coisa relevante tenha ficado de fora e possivelmente muita coisa irrelevante aparece no conjunto dos primeiros 50 artigos. O ideal, em um caso como esse é que a *string* de pesquisa seja refinada, com adição de novos "AND", para que retorne um conjunto mais restrito de artigos que possa ser efetivamente analisado pelo pesquisador.

## 7.4.4 Execução

Uma vez que o protocolo tenha sido estabelecido, revisado e acordado entre os pesquisadores, o processo de revisão pode iniciar. Primeiramente, acessam-se as fontes bibliográficas previstas no protocolo e aplicam-se ao mecanismo de busca a *string* estabelecida. Neste ponto, é necessário verificar se todos os mecanismos efetivamente aceitam operadores com AND e OR, se os mecanismos fazem automaticamente ou não a pesquisa usando o plural das palavras, o que em alguns casos pode ser importante para retornar todos os estudos de fato relevantes, e se eles diferenciam pesquisas com maiúsculas, minúsculas ou palavras acentuadas ou não. Felizmente, como a maioria das buscas acaba sendo em língua inglesa, acentuação não costuma ser um problema.

Contam-se então os estudos retornados. Neste momento já não se espera que o número de estudos seja exagerado, visto que a *string* de busca já terá sido testada na revisão-piloto e refinada. Porém, se isso ocorrer, será o caso de se repensar a *string* de busca para que fique mais restritiva.

Com os resultados em mãos, deve-se ler o título e resumo de cada artigo. Aplicam-se então os critérios de inclusão e exclusão e, em caso de dúvida, deve-se consultar os outros pesquisadores ou o orientador para tomar a decisão em conjunto. Novamente, espera-se que neste momento não haja mais uma revisão dos critérios de inclusão e exclusão. Mas se a pesquisa-piloto não tiver sido feita para testar os critérios, é possível que em algum momento se sinta a necessidade de modificá-los. Neste caso, infelizmente, a pesquisa deve reiniciar, verificando se os artigos já avaliados não mudariam de categoria.

Critérios de exclusão que são praticamente padrão na maioria das pesquisas são:

- *Estudos duplicados.* Diferentes motores de busca podem retornar o mesmo artigo do mesmo veículo.
- *Versões mais antigas de um estudo.* Pode acontecer de estudos serem atualizados após alguns anos, ou ainda uma versão estendida de um artigo publicado em conferência ser publicada em um periódico. Nesses casos, sempre se opta pela versão mais recente do artigo, eliminando-se a mais antiga.

Em seguida, já com um número razoável de artigos selecionados e duplicações eliminadas, os pesquisadores devem procurar obter os textos completos. Infelizmente, nem sempre as bases de dados os disponibilizam de forma gratuita. Deve-se verificar, quando isso não ocorre, se é possível adquirir os artigos (os custos normalmente são altos), ou obtê-los gratuitamente a partir de uma pesquisa no Google ou com o autor ou em plataformas como Research Gate.

Assim que obtidos, os artigos devem ser lidos e a avaliação de qualidade e extração de dados devem ser feitas conforme especificado no protocolo de revisão.

## 7.4.5 Avaliação da Qualidade dos Estudos

Kitchenham e Charters (2007) apresentam uma interessante lista de questões para avaliar a qualidade de estudos, especialmente aplicável se eles forem do tipo qualitativo, que corresponde a uma grande quantidade dos trabalhos em computação. A seguir são resumidas algumas delas:

- As descobertas são críveis?
- Se sim, elas são relevantes?
- Como o conhecimento foi estendido a partir da pesquisa?
- Quão bem a avaliação valida os objetivos iniciais?
- Quão bem é explicado o escopo para a generalização dos resultados?
- Quão bem foram descritas a composição e a cobertura de uma eventual amostra?
- Quão bem foi feita a coleta de dados?
- Quão claras são as ligações entre os dados, a interpretação e as conclusões?

A principal razão para se fazer a avaliação da qualidade dos estudos primários está em se estabelecer um ponto de corte para remover da pesquisa estudos cuja qualidade seja considerada insuficiente. Mas ela também pode ser usada para se verificar se estudos com diferentes níveis de qualidade apontam para diferentes resultados.

Já no caso de estudos quantitativos, outras questões podem ajudar a avaliar a qualidade:

- A análise dos dados foi apropriada?
- Foi feita análise de sensibilidade?
- O tamanho da amostra era adequado?
- A seleção dos elementos a serem estudados foi feita de forma aleatória ou por conveniência?
- Os resultados foram confirmados por técnicas estatísticas adequadas, como o teste de hipóteses?

O conjunto de questões de avaliação de qualidade pode ser reaproveitado entre diferentes revisões sistemáticas. Neste caso, ele é considerado um documento por si só e chamado de "instrumento de qualidade". Isso ajuda a capitalizar experiências e evoluir a qualidade de revisões sistemáticas realizadas no futuro.

Finalmente, uma ferramenta importante para se avaliar os resultados da extração de dados da revisão (não a qualidade dos estudos primários), é a *análise de sensibilidade*. Aplica-se esta técnica por meio da subdivisão do conjunto de estudos primários em subconjuntos, baseando-se em algum critério como, por exemplo, qualidade dos estudos, tipo de veículo de publicação, tipo de método de pesquisa empregado etc. Deve-se verificar se a extração de dados desses subconjuntos apresenta os mesmos resultados que apresentou para o conjunto completo. Se eles apresentarem essa propriedade, então pode-se concluir que os resultados são robustos, isto é, não apresentam variação de subconjunto para subconjunto. Caso contrário, pode haver algum aspecto da pesquisa que não tenha sido corretamente identificado.

# 8

# Questões de Pesquisa

Reservamos este capítulo para aprofundar um assunto que é fundamental em qualquer trabalho de pesquisa científica: a *escolha das questões de pesquisa.*

Frequentemente, os estudantes iniciam um trabalho com uma ideia vaga de pesquisa. Enquanto essa ideia não for objetivamente formulada, dificilmente se avançará muito em responder qualquer questão. É o que acontece, por exemplo, quando o estudante se concentra apenas no produto do trabalho, ou seja, no sistema, algoritmo, processo, mecanismo, mas esse produto não vem acompanhado de *ciência*, ou seja, de um avanço no conhecimento humano.

Da mesma forma que em Easterbrook *et al.* (2008), serão apresentadas possibilidades de questões de pesquisa a partir de exemplos e de uma classificação que Easterbrook *et al.* adaptaram de Meltzoff (1998).

Imagine um aluno de mestrado que está iniciando sua pesquisa. Ele não é nenhum fanático por catapultas, mas ainda não tem uma ideia muito precisa sobre o que vai fazer. Ele observa que, na empresa onde trabalha, recentemente, passou-se a organizar o trabalho em equipes ágeis autogerenciadas. Há uma sensação de que, apesar de algumas intercorrências, o trabalho tem fluído melhor. Assim, ele gostaria de fazer uma pesquisa para comprovar que equipes autogerenciadas são uma opção melhor do que equipes coordenadas por um gerente.

Isso ainda não é uma questão de pesquisa, porque é muito vaga. Observe:

- O que significa "melhor", neste contexto? Como se mede isso?
- O que são efetivamente equipes autogerenciadas? Existem subtipos a considerar?
- O mesmo para equipes com gerente. Sabe-se que existem vários estilos de gerência, que vão desde o gerente *ditador* até o *facilitador*, passando pelo *coordenador*. Esses subtipos podem influenciar uma possível comparação com equipes autogerenciadas?

Portanto, as subseções seguintes exploram possíveis questões de pesquisa mais adequadas que poderiam ser produzidas a partir desse desejo de entender melhor se o trabalho com equipes autogerenciadas é melhor do que as formas mais usuais com um gerente coordenando os trabalhos da equipe.

## 8.1 Formulação de Questões de Pesquisa

De nada adianta fazer uma revisão sistemática perfeitamente planejada e executada, mas cujas questões de pesquisa não acrescentam nada de relevante ao conhecimento humano. Assim, a escolha das questões de pesquisa é fundamental para a qualidade de uma revisão sistemática.

Se o pesquisador vai fazer um mapeamento sistemático, ele pode trabalhar com questões mais genéricas ou de maior granularidade, como, por exemplo:

- Quais são as técnicas ou abordagens mais usadas para este ou aquele processo?
- Quais propriedades de determinado artefato são mais estudadas?
- Quais são os tipos de procedimento metodológico mais usados nas pesquisas da área *X*.

Mas observe que ainda não são questões que vão avançar o conhecimento humano. Elas apenas indicam como está o panorama de determinada área. Como se pode ver, o mapeamento não extrai necessariamente dados do objeto das pesquisas primárias; ele funciona mais como um mapa mesmo, para que se conheça melhor determinada área de pesquisa.

Já a revisão bibliográfica sistemática é usada para responder a questões bem mais profundas a respeito dos resultados das pesquisas. Kitchenham e Charters (2007) propõem uma adaptação para engenharia de software das *guidelines* do National Health and Medical Research Council da Austrália. Eles sugerem, assim, questões de pesquisa dos seguintes tipos:

- Avaliar o efeito de uma tecnologia.
- Avaliar a frequência ou a razão de um fator de desenvolvimento de projeto, tal como a adoção de determinada tecnologia, ou a frequência ou taxa de sucesso ou fracasso de projetos.
- Identificar fatores de custo e risco associados a uma tecnologia.
- Identificar o impacto da tecnologia na confiabilidade e modelos de custo.
- Analisar custo/benefício para empregar tecnologias de desenvolvimento ou aplicações de software específicas.

Kitchenham e Charters (2007) prosseguem afirmando que um aspecto fundamental na revisão bibliográfica consiste em fazer as perguntas certas. Nesse sentido, as perguntas certas seriam aquelas que têm alguma importância e significado, tanto para pesquisadores quanto para os trabalhadores da indústria de software.

Boas questões de pesquisa, se respondidas, poderão levar a mudanças na forma como as empresas e pesquisadores trabalham; por exemplo, demonstrando que determinada técnica ou abordagem é melhor do que outra. Também é possível que os resultados da pesquisa determinem que as técnicas dominantes atualmente são melhores, o que reforça a confiança em sua aplicação.

Além disso, boas questões de pesquisa, se respondidas, poderão mostrar que crenças correntes estão incorretas ou pelo menos incompletas em relação à realidade. Nesse sentido, pode-se mencionar o trabalho de Tolfo e Wazlawick (2008), que demonstrou que, para avaliar se uma empresa tem ambiente favorável à cultura ágil (XP, especificamente), não é suficiente avaliar a cultura visível, como se acreditava, mas era necessário observar também níveis mais profundos da cultura organizacional.

Neste caso, tratou-se de uma pesquisa híbrida que em um primeiro momento avaliou na literatura que se acreditava que a observação da cultura visível da empresa era suficiente para determinar sua adequação à cultura ágil. Em um segundo momento, um estudo de caso feito com seis empresas que aparentemente tinham essas condições favoráveis, mas falharam em adotar a cultura ágil, demonstrou que esses fatores não eram suficientes, e que as convicções mais profundas dos participantes (fatores humanos) precisavam ser avaliadas e não apenas os fatores técnicos usualmente observados.

Segundo Petticrew e Roberts (2005), uma questão de pesquisa deve ser estruturada com base nos seguintes elementos:

- *População.* Quais são os indivíduos (pessoas ou artefatos) que queremos analisar? Por exemplo, programadores experientes ou novatos, empresas grandes ou pequenas, software livre ou proprietário.
- *Intervenção.* A intervenção tem a ver com a ferramenta/técnica/abordagem/etc. que é usada e avaliada. Por exemplo, teste automatizado, equipes ágeis, estimação de esforço de desenvolvimento etc.
- *Comparação.* A comparação é a verificação que se faz sobre se a ferramenta/técnica/abordagem/etc. estudada é melhor do que as correntemente utilizadas. Em geral, descreve-se a técnica corrente como "tradicional", mas este termo é pouco adequado. Sugere-se, quando for o caso, usar o termo "controle". Por exemplo, se o trabalho vai mostrar as vantagens de desenvolver softwares com equipes autogerenciadas, então o *controle* serão equipes com gerentes. Deve-se evitar comparar o uso de uma técnica com o uso de nenhuma técnica. Por exemplo, faz sentido comparar o uso de uma ferramenta de análise nova com ferramentas de mercado (controle). Mas não faz sentido comparar o trabalho de quem usa uma nova ferramenta com o trabalho de quem não usa ferramenta nenhuma. Neste caso, o controle é inadequado, pois já existem ferramentas no mercado, e um grupo que não usa nenhuma delas está em clara desvantagem.
- *Resultados.* Consistem naquilo que se quer medir ou melhorar usando a comparação. Por exemplo, o número de bugs reportados, a eficiência de desempenho do código, o custo total da produção do software, o tempo médio de manutenção para correção de defeitos etc.
- *Contexto.* Esse aspecto pode definir grupos específicos de interesse para a pesquisa. Por exemplo, determinada pesquisa se interessa apenas em equipes autogerenciáveis em pequenas e médias empresas. Assim, grandes empresas ficam fora desse contexto e são excluídas da pesquisa.
- *Design do experimento.* Pode ser o caso, dependendo do tipo de resultados que se deseja, restringir o conjunto de trabalhos primários em função do tipo de pesquisa feita. Por exemplo, podem-se eliminar todos os artigos que não apli-

cam testes estatísticos para avaliar a confiabilidade de seus resultados. Deve-se verificar, porém, que isso pode muitas vezes criar viés na pesquisa e, portanto, deve ser feito com muito cuidado.

Uma forma de elaborar a *string* de busca é tomar cada um dos elementos listados anteriormente e representá-lo por uma lista de sinônimos ligada por "OR". Já as listas de sinônimos para cada um dos elementos seriam ligadas entre si por "AND".

Isto posto, pode-se ainda reforçar que de nada adianta ter questões bem estruturadas e bem definidas, mas cuja resposta não produz nenhum efeito prático na pesquisa ou na aplicação da Computação na sociedade. A pesquisa bibliográfica não é um fim por si só, mas um meio para se chegar a conclusões relevantes e interessantes e que possam ser úteis aos pesquisadores ou à indústria.

## 8.2 Questões Exploratórias

Easterbrook *et al.* (2008) indicam que, inicialmente, o pesquisador poderá formular *questões exploratórias* para começar a entender melhor o universo da sua pesquisa. Observe que essas questões usualmente podem ser respondidas por meio de pesquisas bibliográficas sistemáticas. Assim, os autores indicam pelo menos três tipos de questões exploratórias, as quais são resumidas na Tabela 8.1.

**Tabela 8.1** Questões exploratórias

| Tipo | Formato das questões | Exemplos |
|---|---|---|
| Questões existenciais | Existe *X*? | Equipes autogerenciadas existem? Onde?<br>Existe alguma literatura sobre equipes autogerenciadas? |
| Questões descritivas e de classificação | Como é *X*?<br>Quais são suas propriedades?<br>Como *X* pode ser categorizado?<br>Como se pode mensurar *X*?<br>Qual seu propósito?<br>Quais seus componentes?<br>Como os componentes se relacionam uns com os outros?<br>Quais são os tipos de *X*? | Quais são os tipos de equipes autogerenciadas que existem?<br>Quais são as condições para que uma equipe possa ser considerada autogerenciada?<br>Como podemos mensurar a produtividade de equipes de desenvolvimento de software?<br>Por que empresas empregam equipes autogerenciadas?<br>Quais são os papéis em uma equipe autogerenciada? |
| Questões descritivo-comparativas | Como X se diferencia de Y? | O que diferencia equipes autogerenciadas de equipes com gerentes? |

Encontrar as respostas a essas questões vai fazer com que o pesquisador entenda melhor o contexto da área de pesquisa na qual ele está adentrando. Isso é fundamental para que ele, na sequência, consiga formular questões de pesquisa que não esbarrem nos postulados mais fundamentais da sua área. Seria um erro, por exemplo, comparar equipes autogerenciadas apenas com equipes com gerentes sem verificar que tipos de gerenciamento existe tanto no primeiro quanto no segundo caso. Por exemplo, equipes autogerenciadas recém-implantadas poderão ainda estar em uma fase de aprendizagem e, portanto, em desvantagem em relação a equipes experientes com gerentes. Já a comparação entre equipes autogerenciadas e equipes gerenciadas por um perfil facilitador ou ditador também pode produzir resultados diferentes. Assim, é fundamental que o pesquisador conheça bem sua área de pesquisa antes de iniciar qualquer tipo de experimento.

## 8.3 Questões Descritivas

Depois de ter compreendido um pouco mais a fundo sua área de pesquisa, o pesquisador poderá elaborar questões que visam verificar qual a frequência ou distribuição de algum fenômeno que ele pretende investigar. Por exemplo, de cada cem equipes ágeis, quantas são autogerenciadas? Sem elaborar este tipo de questão será difícil afirmar coisa como "frequentemente", "na maioria dos casos" etc. Essas são afirmações que um pesquisador só pode fazer se foram fruto de algum estudo, mas não com base unicamente na intuição.

As sugestões de tipos de questões descritivas, ainda segundo Easterbrook *et al.* (2008), são apresentadas na Tabela 8.2.

**Tabela 8.2** Questões descritivas

| Tipo | Formato das questões | Exemplos |
|---|---|---|
| Questões de frequência e distribuição | Com que frequência *X* ocorre?<br>Qual a quantidade média de *X*? | Qual é a proporção de equipes autogerenciadas na indústria em relação a equipes com gerente?<br>Equipes autogerenciadas são mais comuns em pequenas ou em grandes empresas? |
| Questões descritivas de processos | Como *X* normalmente funciona?<br>Qual é o processo pelo qual *X* ocorre?<br>Em que sequência os eventos de *X* ocorrem?<br>Por quais passos *X* passa à medida que evolui?<br>Como *X* atinge seu propósito? | Como equipes autogerenciadas funcionam?<br>Como uma equipe com gerente se transforma em autogerenciada? |

*(continua)*

**Tabela 8.2** Questões descritivas *(continuação)*

| Tipo | Formato das questões | Exemplos |
|---|---|---|
| Questões de relacionamento | Como *X* e *Y* se relacionam?<br>As ocorrências de *X* se correlacionam com as de *Y*? | Equipes autogerenciadas são mais produtivas do que equipes com gerente?<br>O nível de satisfação dos membros de equipes autogerenciadas é superior ao das equipes com gerente? |

O pesquisador começa a entender melhor seu espaço de pesquisa nesse momento. Aqui já se pode observar que, com mais frequência, será necessário realizar experimentos, especialmente no caso de questões de relacionamento. Mas ainda será possível descobrir muitas respostas com revisões bibliográficas ou documentais.

## 8.4 Questões de Causalidade

Não basta, porém, saber que dois fenômenos se relacionam, pois isso não explica necessariamente causa e efeito. Por exemplo, poder-se-ia observar que equipes autogerenciadas são mais produtivas do que equipes com gerentes. Mas a partir disso não se pode concluir que o autogerenciamento aumenta a produtividade. O que poderia estar acontecendo é que equipes que são altamente produtivas acabam optando por se tornarem autogerenciáveis e, neste caso, não é a forma de organização que aumenta a produtividade, mas a produtividade que leva a uma nova forma de organização.

Existem sites que apresentam as correlações mais absurdas, embora verdadeiras, como, por exemplo, uma que mostra alta correlação entre os investimentos dos EUA em ciência e tecnologia com o número de suicídios por enforcamento. Essa correlação existe basicamente porque, com o passar dos anos, ambos os valores aumentaram já que a população e a economia cresceram. O problema com correlações é que se você procurar bastante algo que se correlacione com um conjunto de dados que você já tem, você vai acabar achando. Mas isso não prova causa-efeito.

Há casos ainda mais absurdos como, por exemplo, o da pesquisa que mostra que 99 % das pessoas que cometeram crimes violentos haviam ingerido pão até 24 horas antes do crime. Aqui, o problema é que, de fato, quase todas as pessoas ingerem pão, e as poucas que cometem crimes violentos terão grande possibilidade de ter ingerido pão em um passado próximo. Novamente, não há nada sobre causa e efeito a ser encontrado aqui.

Uma situação mais polêmica é aquela relacionada com a pesquisa que procura determinar se jogos violentos incitam os jovens à violência. Essa preocupação iniciou quando se descobriu que os autores de um massacre em uma escola nos EUA jogavam um famoso jogo no qual o objetivo era matar qualquer ser que aparecesse pela frente. Em um primeiro momento, essa correlação pareceu óbvia: jogos violentos provocam violência. Mas faltou observar que também é muito grande o número de jovens que jogam jogos violentos e nem por isso são violentos na vida real. Sem querer entrar em uma discussão moral, mas permanecendo exclusivamente na esfera da análise dos números, as pesquisas nesta linha têm apresentado resultados inconclusivos ou contraditórios.

As questões de causalidade, então, de acordo com Easterbrook *et al.* (2008) são mostradas na Tabela 8.3.

Outro exemplo, relacionado com questões de interação causal comparativa, é um estudo que mostrou que apenas programadores experientes produzem melhor quando usam técnicas de *delegação* em vez de *centralização* (a técnica *controle*). Observou-se que, no caso de programadores iniciantes, a técnica controle funcionava melhor do que a de delegação. Assim, delegação funciona melhor com programadores experientes e centralização com programadores novatos.

**Tabela 8.3** Questões de causalidade

| Tipo | Formato das questões | Exemplos |
|---|---|---|
| Questões de causalidade | *X* causa *Y*?<br>*X* previne *Y*?<br>O que causa *Y*?<br>Quais são todos os fatores que causam *Y*?<br>Que efeito *X* tem sobre *Y*? | Equipes altamente produtivas tendem a se tornar autogerenciadas?<br>O que faz com que uma equipe se torne autogerenciada?<br>Quais são os fatores que fazem uma equipe produzir melhor?<br>Que efeitos o estilo de gerência tem sobre a produtividade de uma equipe? |
| Questões de causalidade comparativa | *X* causa mais *Y* do que *Z*?<br>*X* é melhor para prevenir *Y* do que *Z*? | Equipes autogerenciadas lidam melhor com mudanças em requisitos do que outras equipes?<br>Equipes que se tornam autogerenciadas melhoram sua produtividade?<br>Equipes que se tornam autogerenciadas produzem produtos com menos bugs? |
| Questões de interação causal comparativa | *X* ou *Z* causam mais *Y* sob certas circunstâncias, mas não em outras? | Equipes autogerenciadas lidam melhor com mudanças em requisitos do que outras equipes apenas quando são formadas por pessoas experientes, mas não no caso contrário? |

## 8.5 Questões de *Design*

É comum em Computação, e especialmente em engenharia de software, elaborar questões sobre como se poderia fazer para alcançar determinado objetivo. Enquanto a maioria das questões das seções anteriores está relacionada com apenas o fato de observar *como as coisas são*, as questões de *design* procuram responder *como as coisas poderiam ser*.

Assim, a Tabela 8.4 apresenta um resumo sobre as questões deste tipo.

Questões de *design*, porém, não prescindem das questões sobre o conhecimento, correlações etc. identificadas antes. Para dar uma resposta consistente às questões de *design*, usualmente é necessário que se conheçam bem a área e as técnicas existentes. Sendo assim, a pesquisa inicia com questões exploratórias, passando depois pelas explicativas da situação atual para finalmente se poder chegar às questões sobre como a situação poderia ou deveria ser.

**Tabela 8.4** Questões de *design*

| Tipo | Formato das questões | Exemplos |
|---|---|---|
| Questões de *design* | Qual é uma forma efetiva de se obter *X*?<br>Quais estratégias ajudam a obter *X*? | Qual a forma mais efetiva para implantar equipes autogerenciadas?<br>Quais fatores influenciam o sucesso ou o fracasso de equipes autogerenciadas? |

# 9

# Análise Crítica de Propostas de Pesquisa

Entre 2001 e 2008, na disciplina de metodologia de pesquisa do Programa de Pós-graduação em Ciência da Computação da Universidade Federal de Santa Catarina (UFSC), dezenas de alunos ingressantes foram convidados a apresentar um seminário com uma proposta de pesquisa. As apresentações foram utilizadas para ajudar os alunos a perceberem problemas em suas propostas e melhorá-las. Neste capítulo analisaremos alguns textos contidos nessas propostas antes de sua melhoria, ou seja, os textos apresentados são material não revisado pelos alunos. Dessa forma, considerou-se apropriado não mencionar o nome dos autores desse material, sendo colocado com recuo o texto que é de produção dos alunos, seguidos dos comentários.

## 9.1 Análise de Contextualização e Colocação do Problema de Pesquisa

Nesta seção são analisados textos referentes à contextualização do problema. A avaliação verifica se o problema é, de fato, um problema de pesquisa e se está bem claro. Os resultados são apresentados a seguir.

> Uma das grandes dificuldades que o acadêmico encontra ao ingressar em uma universidade é confrontar-se com a disciplina Metodologia da Pesquisa. Desconhece a ABNT e suas normas, bem como as propostas de formatação e estruturação de um relatório de pesquisa. Para amenizar o problema, pretende-se elaborar um sistema multimídia, utilizando-se de técnicas referentes ao desenvolvimento de sistemas deste tipo, como ergonomia de software, um método de apoio para aprimorar a interação usuário-máquina e a distribuição dos recursos no sistema.

Em relação a esse texto, cabem os seguintes comentários: de onde vem a informação sobre isso ser uma "grande dificuldade"? Observação do autor (experimentos)? Ou pesquisa bibliográfica? Quem demonstrou que essa informação é verdadeira?

Mesmo supondo que se trate de um problema real, caberia ainda perguntar por que o aluno considera que um sistema multimídia será uma solução. Não existem outras possibilidades? Aqui parece que já se escolheu a ferramenta sem analisar o problema em si detalhadamente. Além disso, já não existiam ferramentas multimídia com este propósito? Caberia nesse momento pelo menos um mapeamento sistemático da literatura para verificar se o problema existe e quais soluções já foram propostas.

Deve-se considerar, em casos como esse, que a observação do problema pode estar localizada, como no caso do aluno que observou que o rio que cruzava a cidade onde morava não podia ser atravessado. O problema referido pode então ser consequência das técnicas de ensino de um professor em particular que o aluno tenha observado, e não se tratar de problema generalizado que afeta todas as instituições de ensino.

> No Departamento de Tecnologia da Informação da [...] não há um método específico para gerenciar projetos de desenvolvimento de software terceirizado. Projetos terceirizados de desenvolvimento de software têm sido entregues com atrasos e com os requisitos não sendo plenamente atendidos.

O problema refere-se a uma empresa específica. Se essa empresa não usa um método para gerenciar projetos, então uma solução mais óbvia é implantar algum método existente que já tenha sido testado, ou seja, trata-se de um trabalho técnico, não científico.

Esse problema, da forma como está colocado, não justifica uma proposta de pesquisa, como, por exemplo, neste caso, em que seria proposto o desenvolvimento de um método para gerenciamento de terceirizados. Falta indicar por que os métodos já existentes não dariam conta do recado.

> O sistema [...] está constituído por 14 instituições [...] de ensino superior. Não houve aumento no número dessas instituições, mas as instituições estão se expandindo. O número de alunos matriculados vem aumentando ano a ano. As informações serão retiradas do questionário socioeconômico e da secretaria acadêmica, que formam uma grande base de dados, possibilitando a utilização de *data mining* nesta base de dados.

Aqui existe uma oportunidade, não um problema. A oportunidade é a existência de dados em abundância, portanto propõe-se fazer *data mining* nesses dados. Falta informar o que se pretende descobrir ao analisar os dados ou, pelo menos, que pista se está seguindo. Como disse o Gato Risonho para Alice, "Pra quem não sabe onde vai, qualquer caminho serve".

> *Octrees* são usadas para representação espacial de cenários e objetos. São empregadas por possibilitar a rápida determinação de partes não visíveis. Necessitam de precisão infinita para representar curvas (distorcem a realidade).

Aqui temos um bom exemplo de contextualização. A mensagem é rápida, mas coloca um problema de forma clara. Mesmo que o leitor não saiba o que são *octrees*, o autor informa que elas são usadas para representação espacial de cenários e objetos. Além disso, o autor informa que elas sofrem de um problema sério: necessitam de precisão infinita, o que não existe em computação. Assim, podem-se explorar possibilidades de pesquisa relacionadas com este problema. Falta ainda, porém, formular as questões de pesquisa.

> Serviços distribuídos têm sido usados para obter transparência, desempenho e confiabilidade em sistemas. Dentre os problemas encontrados, está a dificuldade em se obter alta confiabilidade com perda mínima de desempenho.

Aqui o aluno apresenta uma clara relação de custo-benefício: é difícil melhorar a confiabilidade sem perder o desempenho. A afirmação inicial, porém, é um tanto genérica e poderia ser mais detalhada.

> Aplicação do raciocínio baseado em casos (RBC) na previsão meteorológica. Utilização de casos passados (tempo) na busca de uma possível solução (previsão).

Aqui não foi identificado um problema. Previsão meteorológica é apenas o *tema*. Aparentemente, o aluno já escolheu a ferramenta (RBC) e agora quer ver como ela funciona. Mas não especificou o problema nem justificou a escolha da ferramenta.

> Um sistema elétrico é composto por vários componentes que necessitam ser desligados para manutenção durante certo período: geradores, linha de transmissão etc. O funcionamento do sistema elétrico pode ser representado por equações que representam as limitações físicas dos componentes. O problema é aplicar a maximização da carga máxima atendida em vários cenários. O sistema deve considerar o modelo estocástico relacionado aos reservatórios.

Parece que o aluno confunde o problema com o objetivo. Maximizar a carga atendida parece ser o objetivo desejado, mas qual o problema de fato? Não existem métodos matemáticos ou sistemas para fazer essa maximização? Se existem, eles sofrem de quais limitações? Essas limitações, que possivelmente existem, é que consistiriam no verdadeiro problema de pesquisa.

> A reflexão computacional é um mecanismo amplamente reconhecido para adaptar e reconfigurar software em tempo de execução.

Observe como o advérbio "amplamente" pode ser dispensado da frase sem prejudicar o sentido dela. De resto, trata-se meramente de uma informação, não de um problema.

> Reconstrução 3-D é crítica em vários domínios de aplicação e é pesquisada hoje quanto à exatidão (acurácia), precisão (completude e nível de detalhe) e desempenho (velocidade), em que o problema é encontrar a geometria 3-D correspondente a partes da cena observada ou a toda ela. No atual estado de desenvolvimento da área, não há uma teoria geral que unifique o problema. Portanto, estudos são feitos em contextos específicos e aplicando-se restrições. Desse modo, existem abordagens que usam múltiplas visões da cena, algum conhecimento prévio do objeto, indexação por aspectos da imagem etc. A união e o melhoramento de algumas dessas abordagens é um campo promissor de pesquisa.

A contextualização limita bem o problema. A afirmação de que não há uma teoria geral da área deve ser justificada por uma bibliografia que faça essa afirmação ou por um estudo do próprio autor em que, a partir de um mapeamento sistemático da literatura, chega à conclusão de que tal teoria é efetivamente inexistente. O aluno indica claramente um campo de pesquisa, mas não necessariamente ainda um problema de pesquisa. Como a área é caracterizada por várias abordagens que se complementam, é possível tentar realizar junções e aprimoramentos entre as diversas teorias. Faltaria, possivelmente, definir quais seriam os ganhos dessas abordagens. Eficiência? Eficácia? Ou apenas uma organização melhor da área de conhecimento?

> GIS (Geographical Information System). A integração dos dados geográficos e alfanuméricos ainda é um grande desafio. Os dados manipulados comumente fazem parte de um sistema maior. A interoperabilidade é fundamental.

O texto originalmente estava estruturado em tópicos. Aqui é possível perceber claramente um problema: interoperabilidade entre sistemas de base de dados textuais e sistemas de dados geográficos. Resta caracterizar isso como um problema de pesquisa e não como um problema técnico. Da forma como está, parece ser apenas um desafio técnico dar solução a esse caso.

> Grande parte das MPEs não possui um processo definido. Limitações de recursos humanos e financeiros para adoção de processos densos ou serviços de consultoria. Os processos ágeis prometem simplicidade e desempenho para pequenas equipes, porém são escassas as evidências empíricas de aplicações em MPEs. Os processos ágeis não evidenciam de forma clara todos os ciclos de seu processo.

A primeira afirmação sobre microempresas e pequenas empresas (MPEs) precisaria de uma fundamentação bibliográfica ou empírica. A afirmação sobre escassez de evidências empíricas de aplicações de processos ágeis em MPEs não implica necessariamente um problema de pesquisa. Seria necessário ainda identificar alguma característica especial dessas MPEs que as tornassem diferentes em outras empresas em relação à adoção de métodos ágeis.

> XML tem sido utilizada largamente no intercâmbio eletrônico de dados (EDI), o que tem aumentado o interesse na manipulação de dados XML persistentes. Pesquisas desenvolvidas em BDs XML nativos têm procurado atingir o "estado da arte" na gerência de dados semiestruturados.

O alegado aumento de interesse em uma área (que precisaria ser justificado por evidências bibliográficas recentes) não implica a existência de um problema de pesquisa, mas apenas de um tema de pesquisa.

> Um dos grandes problemas na distribuição de vídeos para dispositivos móveis é a sua baixa disponibilidade. Usando um tempo menor na transferência de vídeos, tem-se melhor aproveitamento da banda de conexão e uma economia no consumo das baterias, que possuem capacidade limitada. O Grid é uma versão segura de Web Services para o compartilhamento de dados e recursos (Foster, 2001). Entidades como OGSI e WSRF definem as especificações para os *toolkits* em que temos controle de usuário, segurança e interface aberta para garantir a compatibilidade. Dessa forma podemos propor uma malha de servidores de vídeo em que um aplicativo cliente pode copiar fragmentos de vídeo de diversos pontos fornecendo alta disponibilidade dos recursos e diminuir a sobrecarga existente num sistema centralizado.

Existe um problema claramente caracterizado, porém não fica claro se a solução proposta ainda não foi tentada. Se foi, quais os problemas atuais com as soluções existentes para que uma nova tecnologia seja proposta?

> Alguns processos de integração de fontes de dados XML heterogêneas definem um esquema conceitual único (esquema global) representativo do esquema de todas essas fontes. Através desse esquema global é possível realizar consultas de forma transparente, uma vez que ele abstrai as complexidades inerentes às fontes de dados, como diferenças estruturais e semânticas. Trabalhos como [...] tratam desse problema.

Embora o texto assim mencione, ele não apresenta um problema, mas uma solução. O texto referenciado aparentemente apresenta soluções para a combinação de bases XML heterogêneas. Então, resta ao autor da proposta de pesquisa identificar um problema, possivelmente no trabalho referenciado, que merecesse atenção para ser resolvido. Pela simples leitura do texto anterior, não é possível saber qual é o problema que será resolvido na monografia.

> Em supermercados, por exemplo, existe a necessidade de prever a quantidade de produtos que serão vendidos em uma faixa de tempo, para a otimização da quantidade comprada, enxugando custos e necessidades logísticas. Por isso, foi estudada a previsão de séries temporais, a qual possui modelos estatísticos que vêm sendo utilizados no mercado. Estes, porém, ora não contemplam perfeitamente os objetivos, ora exigem muitos recursos para tal, portanto, há a necessidade de se encontrar um modelo que atenda mais apropriadamente esse caso. Alguns estudos em redes neurais sugerem que há a possibilidade de que seja encontrado esse modelo nesse campo de pesquisa.

O texto coloca um problema real, menciona que as soluções existentes têm limitações e se propõe a pesquisar uma forma de suplantá-las usando uma ferramenta que, segundo o autor, a literatura apresenta como uma tendência. Porém, se redes neurais já têm sido usadas para esse fim, será necessário um trabalho de comparação entre os resultados de modelos existentes e o modelo definido pelo autor.

> Web Services têm sido amplamente utilizados com o intuito de prover interoperabilidade entre as aplicações. Algumas aplicações necessitam que os serviços acessados estejam altamente disponíveis, ou seja, ativos e em funcionamento o máximo de tempo possível.

Trata-se aqui da descrição de uma necessidade. Para que se torne um problema de pesquisa, é necessário indicar como essa necessidade tem sido suprida e quais as limitações das técnicas correntes.

> Há um crescente número de máquinas conectadas à internet. Máquinas de capacidade cada vez maior. Estudos comprovaram que 93 % da capacidade de processamento dos computadores permanece ociosa. Essa capacidade pode ser utilizada para processamento de projetos que requerem alto desempenho computacional a um baixo custo operacional. O ambiente [...] é uma alternativa para isso.

Aqui, a informação apresentada, ociosidade de máquinas na internet, é quantificada e embasada em um estudo bibliográfico (embora não seja explicitamente citado). Porém, esse texto não apresenta um problema de pesquisa, mas uma *oportunidade*.

Máquinas ociosas são uma oportunidade para aproveitar o seu potencial de processamento, mas falta estabelecer qual o novo conhecimento que se busca gerar no trabalho.

> Jurisprudência (do latim: *juris prudentia)* é um termo jurídico com diversos significados. O mais comum refere-se à aplicação de estudo de casos jurídicos na tomada de decisões judiciais. Assim, "jurisprudência" pode referir-se a "lei baseada em casos" ou as decisões legais que se desenvolveram e que acompanham estatutos na aplicação de leis em situações de fato. Grande parte do conhecimento jurídico está formatado em documentos que contêm decisões proferidas em sentenças ou acórdãos. A pesquisa visa contribuir para definir um modelo de arquitetura de pesquisa em documentos com significado semântico incorporado, criando uma conexão entre a linguagem técnica jurídica e sua representação, utilizando ontologias aptas para o seu processamento em ferramentas que auxiliem no refinamento do conhecimento.

Essa contextualização apresenta um tema bem delimitado, mas falha ao não caracterizar o problema de pesquisa. A proposta é definir um modelo de arquitetura de pesquisa, mas não estabelece quais são os problemas com as eventuais arquiteturas de pesquisa existentes. Mesmo a menção de uma aplicação direta no domínio jurídico não permite concluir pelo ineditismo desse trabalho, pois esse tipo de aplicação possivelmente já existia no momento da elaboração dessa proposta. Um mapeamento sistemático da literatura será importante aqui. Mesmo que não existisse, deveria ser deixado claro o que esse domínio tem de diferente em relação a outros e por que não funcionariam outros sistemas anteriores a esse que será proposto.

> A atividade de exploração de poços de petróleo envolve um grau de incerteza muito grande, e essa incerteza gera riscos elevados em termos de custos. Para fazer essa análise de risco, a técnica de simulação vem sendo utilizada, necessitando-se conhecer as distribuições dos valores de tempo das operações. Para a descoberta dessas distribuições, existem vários métodos que avaliam a aderência a algum modelo de probabilidade. Mas, para isso, é necessário que exista uma série histórica dos tempos de operações semelhantes. Quando não há esse histórico, como realizar a descoberta dos modelos de probabilidade?

Aqui a contextualização apresenta um problema de fato: para realizar uma simulação, é necessário ter uma série histórica. É colocado o problema de como fazer essa simulação quando uma série não está disponível, o que de fato pode acontecer. Resta agora formular uma boa hipótese.

## 9.2 Análise de Objetivo Geral

Nesta seção procura-se avaliar se um objetivo geral está bem escrito, se é um objetivo de pesquisa e se deixa claro que pode ser verificado ao final do trabalho. Atenção especial é dada ao verbo que apresenta o objetivo. Analisa-se também se o objetivo apresentado define claramente uma pesquisa científica ou um objetivo tecnológico, como, por exemplo, a implementação de um sistema. Os resultados são apresentados a seguir.

> Elaborar um sistema hipermídia observando critérios ergonômicos e princípios de *design* como apoio ao ensino da metodologia científica.

O verbo inicial não aponta para um objetivo de pesquisa, mas um objetivo técnico: elaborar um sistema. Critérios ergonômicos e princípios de *design* também são requisitos que qualquer projeto técnico deveria observar e, por si só, não qualificam este objetivo como pesquisa científica.

> Obter confiabilidade através de replicação com cinco servidores, obtendo perda máxima de 20 % de desempenho comparado a um sistema sem replicação.

O objetivo é claro: "obter confiabilidade". Falta especificar, porém, como se mede confiabilidade para que se possa concluir ao final do trabalho se ela foi obtida. A comparação proposta com um sistema sem replicação implicaria que a técnica em questão ainda não foi explorada em outros trabalhos.

> O objetivo geral deste trabalho é desenvolver, implantar e avaliar o impacto de uma abordagem para a gerência de projetos terceirizados de desenvolvimento de software em uma empresa transmissora de energia elétrica.

Os dois primeiros verbos, "desenvolver" e "implantar", são objetivos técnicos e não de pesquisa. O terceiro verbo, "avaliar", aponta para um objetivo de pesquisa, mas "impacto" é algo muito subjetivo para ser avaliado. Deveria haver melhor especificação sobre o que se pretende descobrir, caso contrário pode-se estar procurando à toa.

> Estudar as técnicas de IA, mais especificamente o RBC. Demonstrar a eficiência da utilização do RBC na previsão meteorológica. Desenvolvimento de um protótipo para demonstração de resultados.

A primeira frase não pode ser um objetivo de pesquisa. Pelo menos, não de pesquisa científica. O aluno vai estudar técnicas de IA, mas ele faz isso para suprir conhecimentos que ele próprio não possui ainda. Esses conhecimentos já são, porém, de domínio público. Então, esse estudo não produz conhecimento novo e não pode ser apresentado como objetivo de pesquisa.

A segunda frase já está melhor. Algo será demonstrado. Porém, não está muito claro onde se pretende chegar com esse objetivo. Como medir a eficiência? Ela será comparada com alguma outra técnica?

O desenvolvimento do protótipo, apresentado na terceira frase, é um passo do trabalho, e o protótipo pode ser um subproduto interessante, mas não parece ser um objetivo de pesquisa de fato.

> O objetivo é desenvolver um método de refinamento da reconstrução 3-D, através de uma memória adaptativa dos objetos já reconstruídos, de forma que novos objetos analisados são armazenados e aqueles já conhecidos são refinados. Assim, (hipótese) poderá haver maior completude e aumento da acurácia da reconstrução, dada a natureza cumulativa do processo. Trata-se de uma memória com representação geométrica implícita, mediante indexação/mapeamento de objetos a partir de aspectos da imagem, como contornos etc.

Desenvolver um método pode ser um bom objetivo de pesquisa, embora algumas vezes os alunos confundam método, processo, procedimento, mecanismo, arquitetura, sistema etc. Nesse caso, de fato, trata-se de um método envolvendo técnicas de computação gráfica. Há uma hipótese clara, que consiste em uma técnica a ser usada: memória adaptativa. Há um objetivo claro associado a essa hipótese, que consiste em obter maior completude e acurácia na reconstrução 3-D. Para que o objetivo esteja completo, faltaria apenas indicar quanto os métodos atuais conseguem obter em termos de acurácia e completude para que se possa saber, ao final do projeto, se a técnica tentada melhorou esses valores.

> Identificar os aspectos mais relevantes que influenciam na *performance* de sistemas reflexivos.

"Identificar" algo pode ser um objetivo de pesquisa desde que esteja bem claro o que se procura identificar. Este texto, em questão, poderia ser melhorado, pois ele tem várias palavras com conotação subjetiva. Por exemplo, como se avalia que um aspecto é mais relevante do que outro? O que significa *influenciar* a *performance?* A presença de um vírus no computador, por exemplo, é um aspecto que deveria ser considerado? Ele pode afetar a *performance* de um sistema reflexivo, assim como outros sistemas. Dessa forma, a quantidade de aspectos pode ser arbitrariamente grande. Além disso, apenas identificar algo pode ser insuficiente para que se tenha um resultado concreto e útil. O objetivo poderia ser complementado com a proposição de alguma técnica para superar os problemas identificados, saindo do âmbito puramente descritivo para o de *design*.

> Classificar os alunos quanto ao seu desempenho acadêmico. Classificar os alunos quanto à sua carência financeira. Comparar o desempenho escolar dos egressos [sic] pelo SAEM e pelo vestibular. Predizer o desempenho escolar dos estudantes na universidade. Predizer casos de mudança de instituição. Auxiliar na tomada de decisões.

As três primeiras frases estão bem conectadas e apontam para um objetivo de pesquisa claro. Porém, esse objetivo não parece ser um objetivo da área de Ciência da Computação. Possivelmente, o aluno tencionava utilizar sistemas informatizados para fazer a comparação, mas isso não é suficiente. Deve haver uma produção de conhecimento útil para a área de Computação. Caso contrário, o mestrado pode e deve ser tentado em outra área. A quarta e quinta frases parecem não seguir facilmente as três primeiras. Não fica claro como, a partir do desempenho dos alunos e da sua situação financeira, será possível predizer o seu desempenho escolar e o que aconteceria se mudassem de instituição. A última frase está mais para um resultado esperado do que um objetivo de monografia. Caso o objetivo colocado nas três primeiras frases fosse obtido, isso possivelmente teria consequências no processo de tomada de decisão dos administradores das instituições de ensino, mas, como não é algo que o autor da monografia vá fazer durante o desenvolvimento do trabalho, não pode ser considerado objetivo do trabalho.

> Desenvolver um algoritmo baseado no relaxamento de variáveis lagrangeanas para determinar a escala ótima de manutenção de um sistema elétrico.

Um algoritmo baseado em relaxamento das variáveis lagrangeanas parece uma boa solução para otimizar alguma coisa como, por exemplo, a manutenção de um sistema elétrico. Mas, por que não outras técnicas? Existe alguma técnica sendo usada correntemente? Que resultados ela produz? Quanto se pretende melhorar e em que dimensão? Observe que o objetivo real do aluno é obter uma escala ótima de manutenção em um sistema elétrico; desenvolver um algoritmo é um *meio* para obter esse objetivo.

> Gerar aproximação de superfície em nodos externos da *octree*.

Trata-se de um objetivo sucinto. Talvez por isso seja difícil determinar se está adequado como objetivo de pesquisa. A princípio, *gerar* uma aproximação de superfície não traz novo conhecimento à tona. É uma atividade, não um objetivo de pesquisa. Poderia ser reescrito talvez como "demonstrar que é possível gerar aproximação de superfície...". Isso se até o momento da pesquisa nunca tivesse sido feito. Caso contrário, poderia se reinventar a roda.

> Desenvolver um sistema de gerenciamento hospitalar que, com base na tecnologia de *workflow*, permita a modelagem e a execução de processos médicos, interagindo com servidores de dados no padrão [...].

Desenvolver um sistema, por melhor que seja, nunca será um objetivo de pesquisa. O sistema pode ser usado para demonstrar algo, mas ele em si é um objetivo técnico.

> Oferecer solução para o planejamento de rotas de navegação para um ambiente semiconhecido. Aplicar essa solução a um sistema de planejamento neurocirúrgico. Demonstrar que essa solução está correta através da comparação com outros métodos atualmente utilizados (manual!).

"Oferecer solução" está bom como resultado esperado, mas existem muitas formas de fazer isso. Pode-se comprar um sistema, pode-se implementar um algoritmo, pode-se mesmo criar toda uma nova teoria e prática nessa área, com vistas a fornecer uma solução.

Então, isso teria de ser mais bem definido. A aplicação dessa solução em determinada área pode ser interessante, especialmente se os métodos correntes utilizados são manuais. Deve haver uma referência bibliográfica ou a apresentação de uma pesquisa que demonstre que de fato a técnica corrente é inadequada. Uma rápida observação no hospital local não seria suficiente como justificativa.

> Propor um modelo para identificação de características para um plano amostral estratificado.

"Propor" é um verbo que é usado em muitas monografias como objetivo, mas é um verbo perigoso se não vier acompanhado de um objeto direto relevante. No caso anterior, o que está sendo proposto é um modelo para identificação de características. Ok, o modelo pode ser proposto. Mas é necessário indicar claramente o que sucede com outros modelos que possivelmente devem existir. Se não existirem, deve-se avaliar porque não existem e referenciar os modelos mais parecidos com o que se pretende propor.

Em suma, não se pode chegar e simplesmente propor alguma coisa. É preciso apresentar uma boa justificativa para tal proposta.

> Portar o sistema [...] para a arquitetura de RSSF da UC Berkeley.

A não ser que o processo de "portar" apresente desafios que impliquem construção de novos conhecimentos em computação, o trabalho, como proposto, é apenas um objetivo técnico que poderia ser executado por um profissional da área, sem que ele fosse, ao final disso, agraciado com o título de mestre.

> O objetivo deste trabalho é apresentar um mecanismo sistemático que, através dos contratos definidos em notação OCL, gere diagramas de colaboração, aplicando *design patterns.*

Seria necessário conhecer bem a área para saber que o mecanismo proposto não existe; portanto, o aluno deveria ter dito isso claramente na contextualização. Além disso, a contextualização teria que demonstrar que existe alguma vantagem em se criar diagramas de colaboração a partir de contratos OCL. Isso feito, o objetivo pode ser aceito como objetivo de pesquisa.

## 9.3 Análise de Objetivos Específicos

Os objetivos específicos devem refletir subprodutos ou um detalhamento do objetivo principal. Não se deve, a princípio, mencionar como objetivo específico passos que são meramente intermediários para atingir o objetivo geral. Vários outros cuidados também devem ser tomados, conforme os comentários nos exemplos a seguir.

1. Utilizar critérios de ergonomia de software.
2. Aplicar princípios de *design* no desenvolvimento de sistemas multimídia.
3. Elaborar uma interface amigável em sistema multimídia, ou seja, fácil de usar, aplicar e comunicar.
4. Adequar o sistema a um método de apoio para sistemas de autoria.

Todo objetivo deve ter um verbo, mas ele deve indicar a produção de algum conhecimento novo. Isso vale para os objetivos específicos também. O objetivo *1* é apresentado com o verbo "utilizar", que não se presta bem a um objetivo de pesquisa, pois o fato de o autor estar utilizando algo não quer dizer que esteja produzindo algum tipo de conhecimento novo. Isso vale para o objetivo *2*. O objetivo *3* realmente implica algo sendo feito, possivelmente algo novo. Porém, pode ser necessário mensurar o que significa ser *amigável* e *fácil de usar*. Algum critério de medição dessas características deveria ser mencionado. O objetivo *4* não parece ser de pesquisa, mas tecnológico: existe um sistema que será adaptado.

1. Técnicas para identificar padrões em característica.
2. Técnicas de agrupamento.
3. Categorização de variáveis contínuas.
4. Discretização.

Para que esses itens correspondam a objetivos específicos deveria haver inicialmente um verbo em cada item. Da forma como estão não é possível concluir que seriam alcançáveis.

1. Desenvolver método de replicação de dados entre servidores.
2. Mostrar limitações dos métodos existentes para replicação de servidores com balanceamento de carga.

Considerando que o objetivo geral desse trabalho era "obter confiabilidade", os objetivos específicos podem ser considerados satisfatórios. Mas, ainda assim, podem ser questionados. O segundo objetivo específico consiste em mostrar limitações dos métodos existentes. Mas pressupõe-se que tais limitações já sejam conhecidas pelo aluno, pois, caso contrário, por que ele estaria propondo um novo método (primeiro objetivo específico)? Aqui, o que aparece é um estágio ainda pouco maduro da pesquisa. O aluno deseja encontrar limitações nos métodos existentes para que isso justifique a proposição de um novo método.

1. Analisar métodos de gerência de projetos de software terceirizados.
2. Desenvolver um método customizado para gerenciar os aspectos custo, prazo, qualidade e risco de projetos.
3. Adaptar ou desenvolver uma ferramenta de software (caso não exista nenhuma adequada) para dar suporte à aplicação do método.
4. Implantar o método.
5. Coletar e analisar dados empíricos, resultantes da aplicação do método nos projetos.
6. Propor melhorias no método desenvolvido.

Aqui aparece claramente a confusão que muitas vezes se estabelece entre objetivos específicos, procedimento metodológico e cronograma de atividades. Os objetivos específicos deveriam ser resultados finais mensuráveis, em geral um detalhamento ou subproduto do objetivo geral. Mas o aluno apresenta praticamente uma sequência de passos que levam ao objetivo geral. Não chega a ser um procedimento metodológico, pois faltaria complementar com outras informações, mas o que foi apresentado é uma lista de atividades sobre a qual possivelmente o cronograma de trabalho seria construído. Pode-se até falar em objetivos intermediários de cada etapa do processo de pesquisa, mas vários deles não são objetivos de pesquisa, mas atividades técnicas.

1. Implementar o sistema de inicialização e abstrações de hardware para [...] no [...].
2. Definir, implementar, testar e avaliar uma família de protocolos de comunicação de [...].
3. Definir, implementar, testar e avaliar um sistema de controle de recursos de energia para [...].
4. Definir e implementar aplicações que permitam avaliar os sistemas implementados.

Aqui a divisão do problema em subproblemas é até adequada, mas as atividades de definir, implementar e testar não são objetivos de pesquisa, mas objetivos técnicos.

1. Minimização do problema da oclusão de objetos.
2. Redução do tempo de reconstrução, dada a opção de obter a forma do objeto por classificação de aspectos 2-D, se ele já for conhecido.

Aqui são dois objetivos específicos válidos. Apenas que, no caso do primeiro, seria necessária uma métrica para medir o problema de oclusão de objetos de forma que se possa saber se foi minimizado.

1. Metodologia de busca de nodos externos de *octrees* utilizando operações conhecidas sobre esse tipo de árvore.
2. Determinar pontos de inflexão em *octrees*.
3. Gerar *bitmaps* a partir de nodos de *octree*.
4. Determinar vetores normais em nodos de *octree* para iluminação.

O primeiro objetivo destoa dos demais por não ter um verbo associado. Os demais parecem mais ser atividades a serem executadas na busca do objetivo geral, mas não seriam objetivos específicos, apenas passos.

## 9.4 Análise de Justificativa da Hipótese

A justificativa de um trabalho de pesquisa tem pelo menos duas partes:

- *Justificativa do problema.* Indica porque vale a pena fazer essa pesquisa e o que pode ser melhorado ou descoberto se a pesquisa for feita.
- *Justificativa da hipótese.* Indica as evidências de que a hipótese de trabalho é promissora.

Assim, o aluno que apresenta uma proposta de pesquisa deve se referir a esses dois aspectos, ou seja, ele deve justificar a *importância do problema de pesquisa* e, também, a *escolha da hipótese de trabalho*. Usualmente, a importância do problema da pesquisa já terá sido abordada na contextualização do problema. A seguir são analisadas algumas justificativas produzidas em propostas de monografia, com a ideia de que seriam justificativas de hipótese.

> A eficiência de um plano amostral estratificado depende do conhecimento empírico e da experiência do pesquisador. O método proposto auxiliará no desenvolvimento do plano amostral, identificando estratos que fornecerão maior precisão.

Aqui o aluno apresenta uma vantagem esperada para o método proposto, mas não justifica a hipótese de pesquisa no sentido que seria esperado. Ele deveria deixar claro, a partir da identificação do problema, quais foram as tentativas de solução testadas, onde elas falharam e, finalmente, na justificativa, explicar por que acredita que a abordagem que propõe pode ter sucesso.

> Métodos atuais de replicação geram muito tráfego na rede e reduzem o paralelismo entre eles. Se não houver necessidade de paralelismo, a replicação pode ser feita de maneira muito mais rápida e com menos carga na rede.

É uma boa justificativa, pois apresenta uma limitação relacionada com os métodos existentes e justifica, com base nisso, uma potencial solução, explicando por que ela seria adequada.

> Atualmente não existe um método para o acompanhamento dos projetos terceirizados de desenvolvimento de software adaptado à realidade das empresas públicas. Com a adoção de um método que permita o gerenciamento dos projetos de desenvolvimento de software terceirizados, será possível realizar melhor controle do andamento dos projetos, permitindo a verificação de desvios e a tomada de decisões para corrigi-los em tempo hábil.

Não se recomenda fazer comparações com o vazio. No caso, em vez de dizer negativamente que "não existe um método", o que pode ser altamente questionável, o aluno deveria ter verificado o que existe de semelhante e comparado com o que pretende fazer. Ao dizer que não existe alguma coisa ou que não foi encontrada alguma informação, o aluno pode passar a impressão de que não pesquisou o suficiente ou que aquilo que busca é tão irrelevante que ninguém nunca se preocupou em procurar. Assim, em vez de afirmar que algo não existe, o aluno deveria mostrar o que existe de mais parecido com aquilo que ele quer, ou seja, como as empresas fazem hoje, e então trabalhar nas diferenças entre o existente e o desejado.

> Falta de um software que permita ao especialista modelar o processo hospitalar com base em sua experiência e que seja capaz de executar e gerenciar o processo modelado, controlando inclusive a alocação de recursos. Falta de padronização nos dados médicos, dificultando diagnósticos e comprometendo ou impossibilitando cálculos estatísticos.

Aqui novamente o aluno procura justificar seu trabalho pela ausência de determinadas coisas. Falta software em várias áreas, mas nem sempre a construção de um software implica uma atividade de pesquisa. Isso vale para padrões.

## 9.5 Análise de Procedimento Metodológico

A seguir são analisadas algumas propostas de procedimento metodológico conforme apresentadas. Todas as análises baseiam-se em versões extremamente resumidas das propostas, ou seja, suficientes para preencher uma lâmina de transparência. Então todas elas carecem de maior detalhamento ao serem transformadas em texto da proposta de pesquisa ou do trabalho final. Assim, a análise considerará questões relacionadas com o procedimento metodológico no seu nível mais abstrato.

Inicialmente considera-se recomendável que o procedimento metodológico só seja definido quando já se sabe qual é o objetivo da pesquisa. Ele deve, então, mostrar como o proponente vai fazer para que sua hipótese de trabalho seja testada e que ao final se possa concluir se ela é ou não verdadeira.

1. Levantamento bibliográfico sobre os tópicos abordados neste trabalho, como: critérios ergonômicos, interatividade, método de apoio à autoria e outros.
2. Pesquisa sobre o método de apoio a ser utilizado.
3. Definição de recursos audiovisuais a serem utilizados no trabalho.
4. Modelagem do sistema conforme o método de apoio à autoria escolhido.
5. Elaboração da ferramenta multimídia.
6. Testes do sistema.

O método inicia com o levantamento bibliográfico (passos *1* e *2*), mas não estabelece se será uma revisão ou um mapeamento, nem quais questões de pesquisa estão sendo buscadas. Os passos *3* e *4* ficam atrelados ao que o aluno vier a descobrir na revisão bibliográfica e, por isso, ainda não podem ser mais específicos. Já os passos *5* e *6* são tão genéricos que serviriam para uma gama muito grande de propostas de monografia. A questão é *como* a hipótese de pesquisa será testada. Isso o método não deixa claro.

1. Desenvolvimento de um mecanismo que não utiliza *design patterns* (sem conhecimento).
2. Adição de conhecimento ao mecanismo.
3. Experimentos + pesquisa bibliográfica = monografia.

Aqui o aluno parece propor um estilo de projeto no qual vai avaliar determinada hipótese, o uso de conhecimento ou *design patterns*, contra a opção que não utiliza essa técnica. Trata-se de um trabalho em que o aluno desenvolve um sistema presumivelmente compatível com o estado da arte e depois insere nele alguma nova característica para avaliar se melhorou. Embora não seja a forma mais madura de pesquisa, pois carece de um *benchmark* mais universal, é uma forma válida, exceto pelo item *3*, que não informa nada específico sobre o trabalho. Porém, para que o método fosse mais claro, seria necessário especificar o que significa adição de conhecimento (a hipótese) e mostrar quais testes seriam feitos para testar a validade ou não dessa hipótese, além, claro, de uma métrica bem definida para comparar as duas abordagens.

1. Utilizar técnicas existentes de replicação e medir o desempenho da rede e do serviço.
2. Implementar a técnica proposta para replicação em serviços sem paralelismo e medir o desempenho da rede e do serviço.

A pesquisa proposta aqui é muito semelhante à imediatamente anterior. Implementa-se o que seria o estado da arte e compara-se com uma versão que tenha alguma característica nova.

1. Levantamento bibliográfico
2. Criação do método
3. Adaptação ou desenvolvimento da ferramenta de software
4. Planejamento da aplicação do método
5. Aplicação do método
6. Avaliação
7. Conclusão

Essa apresentação é particularmente interessante porque serve para quase qualquer monografia de tão genérica que é. Ela consiste praticamente em um *template*, a partir do qual o cronograma de trabalho poderia ser descrito. Para isso, seria necessário instanciar cada um desses passos em atividades concretas e relacionadas com os objetivos do trabalho.

1. Desenvolvimento de um protótipo das quatro ferramentas englobando os conceitos de modelagem e gerenciamento de *workflow* em conformidade com a padronização [...].
2. Aplicação dessas ferramentas em dois hospitais conveniados ao projeto com a finalidade de coleta de dados estatísticos para validação.

Essa proposta tem a vantagem, em relação às anteriores, de mencionar explicitamente a aplicação da técnica sendo estudada em casos reais (hospitais). Menciona-se, porém, coleta de dados, sem deixar muito claro que tipo de dados serão coletados e que tipo de análise será feita. Dependendo do tipo de dados a ser levantado, deve-se tomar cuidado, porque eles podem não ter representatividade estatística, como se deseja. Um exemplo extremo seria considerar que se trata de dois hospitais especializados em cirurgia cardíaca. Se a maioria dos pacientes que ali se interna tem como objetivo um tratamento cardíaco, essa não é uma informação que possa ser generalizada para outros hospitais. Trata-se de um fato verdadeiro apenas naquela realidade, já que existe uma relação entre causa (o hospital ser especializado em cirurgia cardíaca) e efeito (maior número de tratamentos cardíacos naquele hospital). Outras relações bem mais sutis podem ocorrer. Então, o termo "estatístico" deve ser usado com muito cuidado.

# 10

# Escrita da Monografia

A escrita de uma monografia depende fundamentalmente da existência de algum conteúdo a ser apresentado. Os capítulos anteriores apresentaram caminhos para a busca desse conteúdo. Esse caminho se inicia na escolha de um problema, seguido pela revisão bibliográfica, escolha de um objetivo com uma hipótese justificada, definição de um procedimento metodológico e sua execução, para a coleta de resultados que serão posteriormente analisados e relatados na monografia.

## 10.1 Ordem de Apresentação dos Capítulos

Para quem lê pela primeira vez uma monografia, pode ficar a impressão de que o trabalho foi escrito sequencialmente da mesma maneira como se apresenta. Porém, normalmente esse não é o caso.

A ordem de apresentação usual dos capítulos de uma monografia é a seguinte:

1. Resumo
2. Introdução
3. Revisão bibliográfica
4. Desenvolvimento
5. Conclusões
6. Referências

Essa ordem, mencionada anteriormente, é aquela em que o trabalho será lido por alguém que esteja iniciando a pesquisa nessa área de conhecimento. Primeiramente, é necessário conhecer o *resumo* para saber de que se trata o trabalho. A *introdução* apresenta objetivos, limitações e procedimento metodológico do trabalho, além de situá-lo resumidamente no estado da arte. Será necessário ler a *revisão bibliográfica* para que se conheça algo sobre trabalhos similares, bem como os conceitos fundamentais para a compreensão do trabalho propriamente dito, que é apresentado no capítulo do *desenvolvimento*. Por fim, o leitor observará as *conclusões* e, se quiser aprender mais sobre o assunto, consultará as *referências* listadas ao final.

Dependendo do trabalho, a revisão bibliográfica e o desenvolvimento poderão ocupar mais de um capítulo cada. Por exemplo, poderá haver um capítulo de fundamentação teórica (conceitos fundamentais para compreensão do trabalho) e outro de estado da arte (comparação com trabalhos publicados recentemente com objetivos semelhantes), possivelmente como resultado de uma revisão ou mapeamento sistemático. Já o capítulo de desenvolvimento pode se dividir em *design* do experimento/modelo/protótipo/etc., aplicação e coleta de dados e discussão, por exemplo.

## 10.2 Como Alguns Avaliadores Leem

Deve-se presumir que a banca examinadora de uma monografia seja composta por especialistas no assunto do trabalho, os quais já conhecem suficientemente os principais conceitos e trabalhos correlatos. Esses especialistas possivelmente farão uma leitura em ordem distinta da apresentada na seção anterior, procurando obter inicialmente as informações mais relevantes sobre a contribuição do aluno, para em seguida analisar os aspectos mais triviais do trabalho. Os especialistas vão direto ao cerne da questão, deixando os complementos para avaliar em um segundo momento.

Isso varia muito, porém, haverá avaliadores que simplesmente farão uma leitura sequencial do trabalho, do início ao fim, anotando todas as inconsistências e lacunas à medida que vão evoluindo no texto. A forma como um avaliador lê uma monografia depende de sua personalidade e experiência. Porém, uma sequência de leitura muito interessante, sugerida por especialistas, poderia ser definida da seguinte forma:

1. Resumo
2. Referências
3. Introdução
4. Conclusão
5. Desenvolvimento
6. Revisão bibliográfica

O especialista inicialmente lê o *resumo* para saber de que se trata o trabalho. Ele verifica se o resumo é compatível com o título do trabalho. Ele espera que o resumo apresente o problema sendo tratado, uma justificativa para a hipótese escolhida e, principalmente, uma descrição rápida dos resultados obtidos ou contribuições. Se algum desses elementos não estiver no resumo, o avaliador provavelmente já colocará uma marca vermelha aqui.

Um trabalho cujo resumo não indique claramente a existência de contribuições relevantes possivelmente não será bem avaliado. Deve-se evitar, portanto, que o resumo apresente apenas informações do tipo "Este trabalho apresenta um estudo sobre...", ou "Este trabalho propõe um método para...".

É necessário que o resumo apresente alguma informação do tipo "O principal resultado obtido a partir deste trabalho é...". Esse resultado, supõe-se, deve ser relevante, no sentido em que foi comentado anteriormente, ou seja, deve corresponder a algum conhecimento que não estava disponível antes da execução do trabalho e que foi descoberto durante a sua elaboração. Não será suficiente, por exemplo, escrever "O principal resultado obtido a partir deste trabalho foi o estudo de...", pois, como foi dito, o estudo é um objetivo pessoal do aluno e não o objetivo propriamente dito do trabalho de pesquisa.

Na sequência, tendo o especialista compreendido o resumo e conhecido a real contribuição do trabalho, vai verificar se a alegada contribuição realmente foi obtida. Inicialmente, ele verificará as *referências* citadas pelo aluno para ver se os principais trabalhos da área estão ali. Verificará também a existência de artigos recentes em conferências e periódicos, bem como a relevância dessas mesmas conferências e periódicos.

É possível reprovar um aluno em função das referências citadas no trabalho? Nos níveis de mestrado e doutorado, sim. Por exemplo, considere uma monografia (caso real) sobre XML que apresente como referências 12 trabalhos, sendo três livros técnicos de XML e nove páginas na internet que consistem em manuais técnicos de XML. Nesse caso, não há evidência de trabalho científico, mas apenas de trabalho técnico. O aluno pode até ter feito uma implementação muito bonita de alguma coisa com XML, mas possivelmente não terá valor científico se não estiver fundamentado em trabalhos relatados em eventos ou periódicos.

Estando as referências adequadas, o avaliador observará o capítulo de *introdução* com atenção. Nesse capítulo ele entenderá com mais detalhe o problema sendo resolvido, a técnica usada para a resolução e a forma como os resultados foram validados. O avaliador estará especialmente atento aos objetivos do trabalho, incluindo os objetivos específicos, que ele procurará identificar claramente comentados, um por um, nas conclusões.

Ao ler as *conclusões*, um bom avaliador esquadrinhará o texto buscando um comentário conclusivo sobre cada um dos objetivos do trabalho, indicando evidências de que as descobertas do capítulo de desenvolvimento confirmam as hipóteses ou respondem às questões de pesquisa. A falta dessa ligação direta entre objetivos e conclusões certamente dará margem a críticas.

Após verificar as conclusões, o avaliador desviará sua atenção para o capítulo de *desenvolvimento*, a fim de verificar como o aluno chegou àquelas conclusões. As conclusões terão de ser todas consequências de avaliações feitas no capítulo de desenvolvimento. Não se admite, por exemplo, que um aluno conclua que seu sistema é fácil de usar se no desenvolvimento testou apenas a eficiência do sistema, sem checar a usabilidade. Concluir algo que não foi verificado ao longo do trabalho é denominado "conclusão forte", sendo inaceitável em trabalhos científicos.

Tendo compreendido a real contribuição do aluno, o avaliador finalmente dará uma vista de olhos no capítulo da *revisão bibliográfica* para ver se os principais conceitos foram bem apresentados e se os trabalhos correlatos estão adequadamente descritos e comparados com o trabalho atual.

A forma de leitura descrita parece ir das pontas para o centro da monografia. O especialista concentra-se primeiro nos pontos críticos do trabalho para depois ler as partes menos sujeitas a problemas.

## 10.3 Sugestão de Ordem para Escrita

A ordem sugerida neste livro para escrever os diferentes capítulos de uma monografia difere das duas anteriores. Pode-se escrever a monografia exatamente na ordem em que os capítulos se apresentam. Mas essa abordagem tem alguns inconvenientes, como, por exemplo, produzir uma revisão bibliográfica desnecessariamente longa (por não saber quais conceitos realmente serão usados no texto, coloca-se tudo sobre o que se leu) e, por vezes, deixa o aluno cansado na hora de escrever o mais importante: as conclusões. Quantas pessoas não entregaram seu trabalho ao orientador dizendo "Está pronto! Só faltam as conclusões"? Porém, o mais importante em um trabalho científico são as conclusões. O resto é apenas um meio convincente para se chegar a elas. O Professor Doug Comer da Purdue University diz:[1]

> The easiest way to build a dissertation is inside-out. Begin by writing the chapters that describe your research [...]. Collect terms as they arise and keep a definition for each. Define each technical term, even if you use it in a conventional manner.[2]

Recomenda-se que só se inicie a escrita do texto final depois de ter concluído pelo menos a maior parte da pesquisa em si. Nada impede a escrita de rascunhos, mas esses textos não precisam ainda ter a preocupação de formatação e organização de um texto finalizado.

Então, quando o aluno terminar a pesquisa e já tiver uma ideia muito clara do que fez e quais resultados obteve, vai transformar seus rascunhos em um texto acabado. Mas em que ordem ele deve abordar a escrita desse texto? Segue uma sugestão:

1. Introdução
2. Desenvolvimento
3. Conclusões
4. Revisão bibliográfica
5. Referências
6. Resumo

Recomenda-se iniciar pela *introdução* porque possivelmente é o rascunho que estará mais próximo da forma final nesse momento. O capítulo de introdução frequentemente é uma reescrita da proposta de monografia. Troca-se o tempo futuro pelo tempo presente, e a monografia passa a ter objetivo, justificativa, hipóteses etc., que eram os mesmos, muitas vezes, da proposta de pesquisa. Quando algum objetivo que existia no início não é obtido por alguma razão, o ideal é que seja removido dos objetivos da monografia, mantendo-se apenas aqueles que foram obtidos. Porém,

[1] Disponível em: <https://www.cs.purdue.edu/homes/dec/essay.dissertation.html>. Consultado em: 20 de junho de 2019.

[2] Tradução: A maneira mais fácil de construir uma dissertação é de dentro para fora. Comece escrevendo os capítulos que descrevem sua pesquisa [...]. Anote termos à medida que eles surgem e mantenha uma definição para cada um deles. Defina cada termo técnico, mesmo se você o usar da maneira convencional.

pode ser interessante adicionar um comentário sobre isso no capítulo de conclusões, em que em "trabalhos futuros" pode-se informar sobre o objetivo que originalmente constava na lista, mas que não foi atingido durante o trabalho.

Em seguida, o *desenvolvimento* deve ser escrito porque a pesquisa, seja ela estudo de caso, observação, experimento, levantamento etc., ainda estará fresquinha para ser relatada. Esse é um capítulo importante e, por isso, deve ser escrito com muita atenção.

As *conclusões* devem ser escritas logo depois. Após terminar o relato do desenvolvimento, e já tendo o capítulo de introdução sido revisado com seus objetivos claramente colocados, a conclusão deverá ser uma consequência daquilo que foi relatado no desenvolvimento, bem como ter ligação com cada um dos objetivos, conforme já observado.

Somente depois escreve-se a *revisão bibliográfica* e listam-se as *referências*. Deve-se evitar colocar na revisão bibliográfica a totalidade das obras eventualmente lidas, pois isso não serve a um objetivo claro. Deve-se colocar, isso sim, as comparações com trabalhos correlacionados e os conceitos principais usados no capítulo de desenvolvimento. Um conceito que não é usado no capítulo de desenvolvimento, por mais interessante que seja, não precisa estar na fundamentação teórica. As referências vão mencionar apenas os trabalhos efetivamente citados. Por isso é importante que essas duas seções sejam verificadas em conjunto.

Finalmente, escreve-se o *resumo*, que, como o nome diz, resume o trabalho. Mais adiante será discutido o que deve ser dito nessa seção do trabalho.

## 10.4 Título

O *título* do trabalho é o primeiro meio para chamar a atenção de um potencial leitor. Um título deve descrever a principal contribuição do trabalho de forma sintética. Alguns títulos, por serem muito genéricos, não motivam a leitura. Por exemplo, "um estudo sobre redes neurais". Para que fosse um bom título, seria melhor dizer que tipo de resultado esse estudo produziu. Outro exemplo de um título não motivador é "XYZ: uma nova técnica de modelagem de dados". Novamente, seria mais interessante se o título pudesse esclarecer que tipo de vantagem essa nova técnica teria em relação a outras. Apenas o fato de ser *nova* não garante que seja interessante.

Seguem alguns exemplos de bons títulos obtidos da Biblioteca Digital da Sociedade Brasileira de Computação (SBC) há alguns anos:

- *Formal Approaches to Ensuring the Safety of Space Software.*[3]
- *Automação de métodos e técnicas para teste funcional de componentes.*
- *Electric Wheelchair Simulator for Rehabilitation of Persons with Motor Disability.*[4]
- *Análise comparativa dos dicionários LBG e SOA sob o ponto de vista da complexidade computacional envolvida na fase de codificação da quantização vetorial.*

---

[3] Tradução: Abordagens formais para garantir a segurança de software espacial.

[4] Tradução: Simulador de cadeira de rodas elétrica para reabilitação de pessoas com deficiência motora.

O título deve apresentar, então, claramente, a ideia ou contribuição central do trabalho. Porém, o título não pode ser muito longo. A apresentação mais detalhada da ideia ou contribuição central será feita no resumo do trabalho, que normalmente aparece logo após o título.

## 10.5 Resumo

O *resumo* de uma monografia não é, como alguns parecem pensar, um *trailer* de um filme, em que se começa a contar uma história, mas não se conta o final. O resumo de um trabalho científico deve dar o máximo de *spoiler* possível, ou seja, deve contar o final da história. O leitor vai querer saber, em primeiro lugar, qual foi o resultado científico a que esse trabalho chegou. Se ele achar o resultado interessante no resumo, vai querer ler o resto para ver como o autor chegou a tal resultado.

Centenas de monografias em Computação são defendidas a cada ano apenas no Brasil. Se contarmos outros países, ainda teremos uma grande e crescente quantidade de material científico disponível. Esperar que alguém leia uma monografia cujo resumo diz "Este trabalho apresenta um estudo sobre bancos de dados" é esperar demais. Afinal, essa frase diz muito pouco. O que efetivamente esse "estudo" poderia ter gerado em termos de informação nova que possa interessar a alguém que trabalhe com bancos de dados? Por que um profissional ou pesquisador vai investir o tempo dele em ler este trabalho, sendo que milhares de outros possivelmente também poderiam ser interessantes?

Seria muito mais informativo um resumo que dissesse algo do tipo: "Este trabalho demonstra que as formas normais de bancos de dados existentes não são suficientes para evitar um problema de inconsistência dos dados identificado aqui como...." Se o leitor está acostumado a trabalhar com as formas normais e acha que elas explicam como deve ser um bom banco de dados relacional, ele ficará curioso para ver que caso estranho é esse que não é coberto pelas formas conhecidas. Ao longo do texto, mais detalhes serão dados, mas a atenção do leitor já foi conquistada.

Portanto, o resumo da monografia é efetivamente o lugar para se vender o peixe. Se o autor não conseguir deixar um leitor interessado no resumo, dificilmente conseguirá fazer com que ele leia sua monografia ao invés de outras. Além disso, sistemas de indexação em bases de dados de *abstracts* também não vão identificar o trabalho adequadamente.

Alguém poderia argumentar que o resumo, usualmente com menos de uma página, é um espaço muito pequeno para apresentar uma grande contribuição obtida em mais de dois anos de trabalho. Mas o problema é o seguinte: se o autor não consegue explicar a contribuição de seu trabalho em uma página (resumo), deve haver algo muito errado no seu trabalho ou na sua capacidade de ser sucinto.

Uma coisa que *não* se faz no resumo é revisão bibliográfica. A não ser que seja vital para a compreensão do trabalho, não se devem fazer citações bibliográficas no resumo. Não é razoável perder valiosas linhas citando trabalhos de outras pessoas. Esse espaço é reservado para o autor da monografia dizer a que veio e o que trouxe.

O resumo deve conter uma explicação bem clara sobre o real problema abordado no trabalho, pois pessoas com problemas semelhantes poderão se interessar. Além disso, um esboço da solução usada deve ser também apresentado, pois pessoas que usem tecnologias parecidas poderão também se interessar em ver uma possível nova classe de problemas sendo resolvida por essa tecnologia.

Segundo o Professor Spencer Rugaber (1995), da Georgia Tech, o propósito de uma monografia é a apresentação de uma tese.[5]

Então, faz sentido apresentar essa tese o mais cedo possível, ou seja, no resumo. A tese é definida como sendo uma afirmação que se procura comprovar verdadeira. Se um trabalho em nível de mestrado ou doutorado não puder ser definido a partir de uma tese que possa ser expressa em uma frase, possivelmente algo está errado na concepção do trabalho.

## 10.6 Introdução

O capítulo de *introdução* apresentará de forma mais detalhada o tema e o problema de pesquisa. Em relação ao tema, espera-se uma descrição geral da área e da abrangência do estudo. Devem-se evitar, porém, introduções muito longas, por exemplo, iniciando na pré-história, para chegar a explicar que o tema do trabalho é relativo a redes de computadores.

A introdução deve conter os elementos que já foram mencionados no projeto de pesquisa, ou seja, os objetivos gerais e específicos, resultados esperados, limitações do trabalho, procedimentos metodológicos utilizados e justificativa. Em geral, o capítulo de introdução é fechado por uma descrição sucinta dos demais capítulos do trabalho. Já no caso dos procedimentos metodológicos, se a descrição destes for relativamente longa em relação aos outros itens, poderá ser apresentada em um capítulo à parte, usualmente entre a introdução e a revisão bibliográfica.

## 10.7 Revisão Bibliográfica

A *revisão bibliográfica* pode ser entendida como dividida em duas grandes partes:

- Fundamentação teórica
- Trabalhos correlatos

A *fundamentação teórica* deve conter os conceitos obtidos na literatura e mencionados no desenvolvimento e conclusões. Já os *trabalhos correlatos* serão descrições do estado da arte, ou seja, trabalhos que publicaram tentativas de resolver o mesmo problema do trabalho atual. Essa segunda parte da revisão bibliográfica pode ser obtida a partir de uma revisão sistemática da literatura.

[5] Disponível em: <https://www.cc.gatech.edu/fac/Spencer.Rugaber/txt/thesis.html>. Acessado em: 20 de junho de 2019.

Assim, se um trabalho é sobre a aplicação de um modelo de rede neural para fazer compactação de textos, a fundamentação teórica deveria explicar o que são redes neurais, aprofundando detalhes sobre o modelo usado no trabalho, e explicar o que é compressão de textos. Já a seção de trabalhos correlatos poderia ser uma revisão sistemática sobre trabalhos que mencionam técnicas de compressão de textos e seus resultados, de forma que possam ser comparados aos do trabalho corrente.

Na fundamentação teórica é importante ser objetivo na apresentação, pois a quantidade de textos a serem consultados na maioria das áreas é muito grande. Não se recomenda fazer tratados ou extensas digressões sobre trabalhos que não sejam diretamente relacionados com o tema da monografia. Por exemplo, se o trabalho trata da comparação entre técnicas de mutação em algoritmos genéticos, não é necessário abordar literatura sobre robótica ou redes neurais, que, embora sejam tópicos diretamente ligados à Inteligência Artificial, são colaterais ao tema do trabalho.

A fundamentação teórica deve, isso sim, abordar os principais conceitos da área de pesquisa para que possa servir de referência a eventuais leitores que não sejam exatamente especialistas no assunto.

Quando for necessário mencionar conceitos definidos em mais de uma fonte bibliográfica, sugere-se que a forma de organização seja agrupar a informação por *conceito* e não por *autor*. Por exemplo, se os autores A, B e C apresentam os conceitos 1, 2 e 3, em vez de citar os conceitos 1, 2 e 3 de acordo com A, seguido dos conceitos 1, 2 e 3 de acordo com B e, finalmente, 1, 2 e 3 de acordo com C, sugere-se que seja citado o conceito 1, de acordo com A, B e C, se possível com alguma comparação ou conclusão feita pelo próprio autor; posteriormente, citam-se as definições para o conceito 2, de acordo com A, B e C, e finalmente o conceito 3, de acordo com A, B e C.

Já a seção de trabalhos correlatos deve descrever pesquisas de cada autor individualmente e incluir uma comparação com o trabalho atual, indicando em que ele é melhor (se quantitativo) ou pelo menos diferente (se qualitativo).

A comparação do trabalho atual com trabalhos correlatos pode ser feita em dois momentos: na revisão bibliográfica e/ou nas considerações finais. No final do capítulo de revisão bibliográfica pode ser comparada a hipótese de pesquisa com as hipóteses de pesquisa correlatas. Ainda não se têm dados efetivos do trabalho porque esses dados vão aparecer apenas no capítulo de desenvolvimento, mas já é possível discutir sobre vantagens e desvantagens das diferentes hipóteses de pesquisa de cada um dos trabalhos ou adiantar resultados que serão apresentados em detalhes depois.

O segundo momento em que a comparação pode ser feita é no final do documento, em geral no final do capítulo de desenvolvimento ou no capítulo de conclusão ou considerações finais. Nesse ponto já se têm os resultados do trabalho em questão, os quais podem ser comparados com os resultados de outros trabalhos correlatos. Trata-se, portanto, nesse caso, de uma comparação bem mais objetiva e detalhada.

Rugaber (1995) afirma que a seção de revisão bibliográfica em geral é maçante e mal-usada. Isso acontece porque o aluno, ao escrever, perde a oportunidade de usar o trabalho de outros autores para motivar o seu próprio estudo. Em vez disso, muitas vezes perde-se tempo e espaço fazendo um inventário estafante e desnecessário de tudo o que foi lido ou uma sequência de citações de outros autores que não leva a lugar nenhum.

Ainda segundo Rugaber, uma boa seção de revisão bibliográfica inclui uma ontologia e uma ontogenia. A *ontologia* vai apresentar os principais conceitos utilizados no trabalho. Já a *ontogenia* mostra como as diferentes ideias evoluíram com o passar do tempo até chegar ao estado da arte. O final da ontogenia naturalmente vai incluir o trabalho sendo desenvolvido, mostrando como ele se encaixa na evolução da área.

## 10.8 Desenvolvimento

O capítulo de *desenvolvimento* marca o início da contribuição pessoal do autor do trabalho. Portanto, não se deve fazer do capítulo de desenvolvimento uma nova revisão bibliográfica. De preferência, todos os conceitos que serão necessários nesse capítulo já devem ter sido citados no capítulo de revisão bibliográfica. Se alguma comparação for feita com trabalhos correlatos nesse capítulo, apenas a comparação objetiva deve ser feita aqui, sendo que a apresentação pura e simples dos trabalhos correlatos já terá ocorrido no capítulo anterior.

O capítulo de *desenvolvimento* deve apresentar a construção da teoria, experimentos, modelo ou proposta, seja de que natureza for. Conceitos criados pelo autor da monografia devem ser descritos aqui e não na revisão bibliográfica. Na sequência, o autor deve trabalhar as evidências de que sua hipótese é verdadeira. Serão então apresentados dados, gráficos, testes, provas formais, estudos de casos, transcrição de entrevistas ou quaisquer outros meios julgados adequados para provar o seu ponto, ou seja, para mostrar que a hipótese é verdadeira.

Deve-se evitar transformar o capítulo de desenvolvimento em uma apresentação de um sistema computacional. Se um sistema foi desenvolvido, foi para servir a algum propósito de descobrir novo conhecimento. A monografia deve ser sobre o conhecimento gerado, não sobre o sistema em si. Apresentações detalhadas sobre telas de software, incluindo telas de *login*, menu principal etc., são enfadonhas e desnecessárias em um trabalho científico. O seguinte texto, do Professor John W. Chinneck, resume tudo:[6]

> The purpose of your thesis is to clearly document an original contribution to knowledge. You may develop computer programs, prototypes, or other tools as a means of proving your points, but remember, the thesis is not about the tool, it is about the contribution to knowledge. Tools such as computer programs are fine and useful products, but you can't get an advanced degree just for the tool. You must use the tool to demonstrate that you have made an original contribution to knowledge; e.g., through its use, or ideas it embodies.[7]

---

[6] Disponível em: <http://www.sce.carleton.ca/faculty/chinneck/thesis.html>. Acessado em: 20 de junho de 2019.

[7] Tradução: "O objetivo da sua tese é documentar de forma clara uma contribuição original ao conhecimento. Você pode desenvolver programas de computador, protótipos ou outras ferramentas como um meio de provar os seus pontos, mas lembre-se, a tese não é sobre a ferramenta, ela é sobre a contribuição ao conhecimento. Ferramentas tais como programas de computador são produtos legais e úteis, mas você não pode obter um grau acadêmico avançado apenas pela ferramenta. Você deve usar a ferramenta para demonstrar que você fez uma contribuição original ao conhecimento; por exemplo, através do seu uso ou das ideias que ela incorpora."

## 10.9 Conclusões

O capítulo das *conclusões* é, em geral, a pedra no sapato do estudante. Aparentemente tudo já foi dito sobre o trabalho no capítulo de desenvolvimento, então o que escrever nesse capítulo final?

A primeira dica é observar os objetivos geral e específicos do trabalho no capítulo de introdução e colocar no capítulo das conclusões um comentário sobre como o desenvolvimento apresentado ajudou a chegar a cada um desses objetivos, ou seja, como o trabalho de pesquisa permite concluir que cada um dos objetivos foi atingido.

Outro ponto importante é apresentar não apenas os pontos positivos do trabalho, mas também os negativos. Não se espera de nenhum trabalho científico que ele resolva todos os problemas do mundo. Pelo contrário, espera-se que o pesquisador seja suficientemente honesto para descrever de forma clara as fraquezas e riscos à validade de seu próprio trabalho. A seguinte máxima segue implacavelmente as leis da lógica: "Se você não for o maior crítico de seu próprio trabalho, outra pessoa será."

Outro tópico a ser abordado no capítulo de conclusões são as lições aprendidas. O aluno passou dois anos ou mais estudando um tema e realizando experimentos com ele. Além dos objetivos do trabalho, claramente colocados e atingidos, ele deve ter aprendido muita coisa no processo. Talvez essa informação possa ser útil a outras pessoas. Então, deve-se descrever no capítulo de conclusões quais foram essas lições aprendidas ao longo do trabalho.

Podem-se descrever também outras situações nas quais se imagina que essas lições possam ser aplicadas. Por exemplo, ao comparar o resultado de questionários aplicados em uma empresa com a situação real observada *in loco*, um pesquisador percebeu que, por conta do medo de retaliações por parte da chefia, a maioria dos funcionários procurava apresentar nos questionários uma situação mais bonita do que realmente era. Dessa forma, o pesquisador aprendeu que, neste contexto, questionários não são fontes confiáveis de informação se não houver uma validação das respostas no ambiente de estudo. Essa lição aprendida poderia ser colocada no capítulo de conclusões.

O capítulo final de uma monografia deve ter pelo menos três partes: conclusão, contribuições e trabalhos futuros. Na *conclusão*, o aluno fará de forma concisa uma referência ao problema examinado e resolvido. Segundo John W. Chinneck, a conclusão propriamente dita terá o seguinte formato: "O problema descrito na seção *x* foi resolvido como demonstrado nas seções *y* a *z*, em que foi desenvolvido um algoritmo/método/abordagem etc. para tratar as situações mencionadas."[8]

Ainda segundo Chinneck, o resumo das *contribuições*, que viria em seguida, deve ser organizado em ordem decrescente de sua importância, por exemplo:

- Desenvolveu-se um algoritmo muito mais rápido para problemas de *Zylon* de grande porte.
- Demonstrou-se pela primeira vez o uso do mecanismo de *Grooty* para os cálculos de *Zylon*.

[8] Disponível em: <http://www.sce.carleton.ca/faculty/chinneck/thesis.html>. Acessado em: 21 de junho de 2019.

As contribuições mais importantes do trabalho serão aquelas que geraram conhecimento novo. Ferramentas, protótipos e outros artefatos tecnológicos usualmente são contribuições secundárias.

Artigos publicados e relatórios de pesquisa não são contribuições, nesse sentido da palavra, mas relatos da pesquisa. Eventualmente, poderão ser citados aqui, ou apresentados como apêndices ao final do trabalho. Aproveitando a menção: *apêndices* são materiais produzidos pelo autor da monografia que são colocados no final para consulta para não prejudicar o fluxo de leitura do trabalho. Já *anexos* são materiais produzidos por outras fontes que são adicionados à monografia para consulta. Por exemplo, um aluno que esteja fazendo um trabalho sobre Informática e Direito poderá apresentar como anexos um conjunto de leis e jurisprudência relevante ao trabalho para consulta do leitor. Outro exemplo seria anexar tabelas consultadas em sistemas de informática alimentados por terceiros. Deve-se tomar cuidado, porém, para não anexar à monografia material protegido por direitos autorais. Para saber que materiais podem ser usados ou não no Brasil, pode-se consultar a Lei do Direito Autoral, ou Lei 9.610 de 19 de fevereiro de 1998.

Finalmente, os *trabalhos futuros* são a contribuição que o aluno deixa para que outros possam continuar sua pesquisa. Trabalhos futuros também devem tratar de futuras contribuições ao conhecimento com mais ênfase do que futuras contribuições às ferramentas, protótipos etc., que eventualmente possam ser desenvolvidas.

Espera-se sempre que uma monografia não seja apenas o final de uma pesquisa, mas também o início de uma caminhada. Assim, a seção final das conclusões normalmente é dedicada a deixar para os leitores ideias de oportunidades de pesquisa com as quais o autor se deparou ao longo do seu trabalho, mas que não teve tempo ou possibilidade de perseguir.

Nessa seção esperam-se dicas sobre trabalhos de pesquisa futura, e não trabalhos técnicos futuros. Por exemplo, o leitor terá pouco interesse em saber que o autor pretende futuramente implementar o sistema em Java, já que a versão atual está em C. Isso é apenas uma questão técnica. O leitor vai querer saber quais situações não foram testadas com a ferramenta atual e que poderiam ser relevantes para compreender o seu comportamento. Isso seria um trabalho futuro de pesquisa relevante.

## 10.10 Referências Bibliográficas

Não é objetivo deste livro apresentar normas de citação bibliográfica, já que elas se encontram disponíveis em qualquer biblioteca que se preze. Como existem diferentes padrões de citação, sugere-se seguir as normas estabelecidas pelo curso, periódico ou evento no qual o trabalho será publicado. Elas variam. Como referência, pode-se consultar na internet o trabalho de Alves e Arruda, baseado na NBR 6023/2018.[9]

[9] Disponível em: <http://portal.bu.ufsc.br/normalizacao/>. Acessado em: 16 de junho de 2019.

Apenas uma dica: após colocar todas as *referências bibliográficas*, deve-se verificar se cada uma delas é citada no texto e se todas as que são citadas no corpo do trabalho aparecem na lista de referências. Algumas ferramentas de editores de texto permitem ter esse controle automaticamente.

## 10.11 Forma do Texto Científico

O texto científico deve comunicar uma ideia de pesquisa e seus resultados. Isso, claro, é uma questão semântica. Mas há uma série de pequenos vícios que muitos alunos têm e que, por serem tão comuns, são citados aqui para que possam ser evitados.

Esta seção não tem a intenção de ensinar a escrever português correto nem a formatar trabalhos monográficos ou artigos. O objetivo é apresentar e discutir erros frequentes, cometidos por alunos de Computação em seus trabalhos, que podem ser facilmente minimizados.

Em primeiro lugar, uma monografia deve evitar, sempre que possível, o uso de advérbios. Estranho, não? O advérbio é uma palavra que modifica um verbo e é muito comum na língua portuguesa. Porém, o uso do advérbio no texto científico frequentemente estraga uma frase que, sem ele, poderia ficar bem melhor. Embora o advérbio possa ser muito útil para enfatizar ideias, no texto científico o uso do advérbio deve ser minimizado, pois pode reforçar desnecessariamente certas afirmações. Por exemplo, dizer que "a experiência demonstra que as abordagens são equivalentes" é uma coisa, mas dizer "a experiência demonstra *definitivamente* que as abordagens são equivalentes" dá um ar de prepotência ao texto, o que não é necessário para a frase em questão. Pode-se notar que as duas frases têm o mesmo sentido, mas a primeira soa bem melhor do que a segunda.

Algo a ser evitado em um texto científico também são as brincadeiras, as piadas ou a ironia. Eventualmente, periódicos científicos até publicam textos com esse tipo de expediente, mas nesses casos em geral o autor é algum figurão da área. Quem não é o *Papa* não deveria se arriscar a usar esses recursos no texto científico. Seria como ir pela primeira vez na casa dos pais do(a) namorado(a) e resolver soltar todo seu repertório de piadas. Tem chance de dar certo?

Em um texto científico, não se espera que o autor utilize julgamento de valor sobre temas que não podem ser avaliados como ruins ou bons de forma maniqueísta. Dizer, por exemplo, que orientação a objetos é *bom* enquanto programação estruturada é *ruim* para o desenvolvimento de software é uma questão de *opinião*. Em vez de dizer que algo é bom, deve-se procurar salientar uma das qualidades que se julga boa. Em vez de dizer que algo é ruim, deve-se apresentar uma explicação baseada em fatos verificáveis sobre os defeitos que se julga serem um problema.

Nunca se deve dizer que alguma coisa é "perfeita" porque na natureza nada é.

Em vez de se escreverem expressões como "hoje em dia" e "atualmente", fica melhor se for usado o ano corrente. Isso porque não se sabe, *a priori*, quando o texto será lido. Assim, em vez de escrever "atualmente", pode-se escrever "em 2019". Dessa forma, a frase ficará mais precisa e dará melhor embasamento científico a qualquer outra informação que seja apresentada em seguida.

Não se deveria, a princípio, expressar emoções no texto científico. Assim, evita-se usar expressões do tipo "ficamos surpresos ao perceber que...". Não é da conta de ninguém se o pesquisador ficou surpreso. Deve-se apenas dizer o que foi percebido e, de preferência, mostrar como isso foi percebido de forma que também possa ser percebido por outras pessoas. Se o resultado foi inusitado, isso pode ser dito, mas precisa ser fundamentado.

Afirmações como "uma nova abordagem", "uma técnica diferente" etc. devem ser evitadas. Qualquer abordagem que estiver sendo proposta será nova e diferente das outras; caso contrário, não seria tema de uma monografia. Não faria sentido propor algo que seja velho ou igual ao que já existe, não? Então, deve-se evitar qualificar o trabalho como *novo* e *diferente*, pois isso já é o que todos esperam. É melhor apenas dizer, afinal de contas, qual é o trabalho e em que ele é diferente ou melhor que os anteriores.

Usar palavras como "obviamente" ou "claramente" podem insultar o leitor, pois o autor diz estar falando algo que é óbvio. Se for óbvio, não precisa ser dito, se não é óbvio então não se deve dizer que é. Então, *obviamente*, deve-se evitar usar esse termo.[10]

Sempre que o texto usar a expressão "na verdade" pode dar a impressão de que aquilo que foi escrito antes era mentira. Então, *na verdade*, essa não é uma boa escolha.[11]

É usual, no texto dissertativo, que o autor não faça uma narrativa pessoal do tipo "eu vi", "eu testei", "eu descobri" etc. Em vez disso, em geral escreve-se "foi visto", "foi testado", "foi descoberto" etc. Mas esse é um costume mais observado no Brasil e alguns outros países. Textos publicados internacionalmente com maior frequência apresentam frases escritas na primeira pessoa do singular ou, quando são textos com vários autores, na primeira pessoa do plural.

Quando for usado um dos pronomes "todos", "muitos", "alguns" ou "nenhum", deve-se ter certeza de que se tem uma evidência ou prova de que a afirmação efetivamente possa ser assim qualificada. Não se pode dizer em um texto científico, por exemplo, que "muitos estudantes têm problemas com a monografia", sem que tenha havido um estudo, observação ou medição sobre isso. Outra possibilidade é usar uma citação. Dizer "segundo Fulano (2019), a maioria dos alunos tem problemas com a monografia" está correto, porque passa o problema de provar a afirmação para o autor do texto citado. No entanto, nesse caso, é preciso verificar ainda se a referência é um trabalho confiável e de boa qualidade.

Outras recomendações são usar a voz ativa em vez da passiva, escrever no tempo presente e colocar negações no início da frase. Essas recomendações de estilo ajudam a facilitar a compreensão do texto.

Assim, deve-se preferir "o estudo demonstra a validade da hipótese" (voz ativa) em vez de "a validade da hipótese foi demonstrada pelo estudo" (voz passiva). Alguns editores de texto já fazem disso uma sugestão-padrão de correção de estilo.

---

[10] Sugere-se que o leitor releia a última frase ignorando a palavra em itálico. Mesma informação, sem o "obviamente".

[11] Sugere-se que o leitor novamente releia a frase sem a expressão em itálico. Ela não faz falta.

O tempo presente deve ser usado quando o autor se referir a partes do próprio texto. Assim, em vez de dizer "o Capítulo 2 mostrou..." e "o Capítulo 7 vai mostrar...", deve-se dizer "o Capítulo 2 mostra..." e "o Capítulo 7 mostra...". Isso vale também para referências bibliográficas. Porém, referências a eventos, como experimentos realizados, podem ser escritas no tempo pretérito, como, por exemplo, "o experimento 18 mostrou que...". Referências a eventos como trabalhos futuros também podem ser feitas no tempo futuro, como, por exemplo, "Nos próximos anos, será desenvolvida uma nova abordagem...".

Seria difícil ler uma frase longa na qual se vai afirmando uma série de coisas e no final se usa uma expressão para indicar que tudo o que estava sendo dito é falso. Se o objetivo é negar algo, então é preferível iniciar negando. Assim, ficará mais fácil compreender o texto. Em todo caso, sempre é preferível usar frases afirmativas quando possível. Em vez de dizer, "a confirmação do experimento realizado ao longo de três meses pelas equipes não aconteceu" (negação no final), é preferível dizer "não aconteceu a confirmação do experimento realizado ao longo de três meses pelas equipes".

Outro exemplo de negação no final vem do livro *O Guia do Mochileiro das Galáxias* (Adams, 2004) com a frase "*An expression of deep worry and concern failed to cross either of Zaphod's faces*".[12] É uma frase até irônica, pois o livro é no estilo humorístico, mas ilustra bem a estranheza que causa ler uma frase que vai afirmando coisas e no fim nega tudo.

Chinneck apresenta algumas dicas interessantes para o texto:

- Ter sempre em mente o *background* do leitor. Deve-se saber qual é a capacidade de compreensão que o leitor-alvo do texto terá. O texto deve ser suficientemente informativo para esse leitor-alvo. Não detalhar demais conceitos que seriam triviais e não deixar de explicar conceitos que não são provavelmente de conhecimento do leitor-alvo.
- Não fazer com que o leitor tenha de dar duro. Sabendo quais são as obrigações do aluno no texto (deixar claro o problema de pesquisa, mostrar que ele ainda não tinha sido resolvido, mostrar que valia a pena resolver o problema e mostrar que o aluno efetivamente resolveu o problema), deve-se deixar o texto o mais acessível possível. Quanto mais dificuldade os avaliadores tiverem para encontrar as respostas às questões fundamentais sobre o trabalho, pior será sua impressão sobre o texto e maior a probabilidade de que exijam grandes mudanças no texto final.
- Escrever de forma que seja impossível ser mais claro. Deve-se escrever cada frase com muito cuidado, verificar se ela faz sentido e se apresenta alguma informação útil de forma clara. Deve-se verificar se cada termo usado em cada sentença já foi devidamente explicado no nível de compreensão do leitor-alvo e se todas as possíveis ambiguidades foram eliminadas.
- Lembrar-se de que a monografia não é uma história. Ela não é uma cronologia das coisas que o aluno tentou fazer, mas um documento formal que apresenta resultados de uma pesquisa.

[12] "Uma expressão de profunda preocupação e empatia não conseguiu cruzar nenhuma das faces de Zaphod."

- Evitar declarações fortes como "o software é a parte mais importante de um sistema computacional", as quais são apenas opinião e não uma informação substanciada na literatura corrente. Os examinadores provavelmente pegarão frases como essas e perguntarão: "Você pode demonstrar que o software é a parte mais importante de um sistema computacional?"

Poder-se-ia ainda adicionar mais uma sugestão: escrever as frases o mais curtas possível. Por exemplo, pode-se dizer "considera-se que as rosas apresentam a propriedade de serem vistas com coloração vermelha". Mas também se pode dizer praticamente a mesma coisa com a frase "rosas são vermelhas".

A Professora Mirella M. Moro da Universidade Federal de Minas Gerais (UFMG) apresenta os sete pecados capitais do texto científico:[13]

- *Frases longas* (*repletas de vírgulas ou não*). Sempre que forem detectadas frases muito longas com várias orações coordenadas, deve-se procurar dividi-las em frases menores, usando pontos para isso. Mas deve-se cuidar para que cada frase lida individualmente faça sentido, tendo sujeito, verbo e objeto, quando for o caso.
- *Erros ortográficos*. Nada desqualifica mais um autor do que erros ortográficos, ou seja, palavras mal escritas. Um bom conteúdo pode até passar despercebido se o autor cometer erros desse tipo.
- *Tradução literal e "imbromation"*. Um autor que não domine a língua inglesa deve procurar a ajuda de um tradutor e, na maioria dos casos, também de um revisor profissional dessa língua.
- *Imagens/tabelas ilegíveis*. Letras muito pequenas ou borradas servem para comunicar alguma coisa? Legendas que, coloridas, são perfeitas, mas quando impressas em preto e branco ficam indistinguíveis também devem ser revisadas e evitadas.
- *Erros gramaticais* (*paralelismo, concordância, conjugação, crase*). Erros de concordância acabam sendo muito comuns por causa de revisões malfeitas do texto. Algumas vezes, muda-se o sujeito de uma frase do masculino para o feminino ou do singular para o plural e deixam-se o verbo ou complementos como estavam. Por exemplo, a frase original estava assim: "O método foi testado..." Uma revisão trocou o termo "método" por "passos" e o texto final ficou assim: "Os passos foram *testado* [sic]...." O erro aparece apenas na última palavra.
- *Cópia literal*. Se houver cópia literal de outros textos sem uso de aspas e citação da fonte incorre-se em plágio. Porém, mesmo com citação, deve-se minimizar o uso da cópia literal. Esse tipo de expediente só deve ser usado quando for impossível ser mais claro do que o autor literal.
- *Blá-blá-blá* (*encher linguiça*). Quantas páginas deve ter uma monografia? Algumas vezes, os alunos acham que o seu trabalho está curto e resolvem preencher páginas com textos que não informam nada apenas para dar mais sensação de volume.

---

[13] Disponível em: <https://homepages.dcc.ufmg.br/~mirella/doku.php?id=escrita>. Acesso em: 20 de junho de 2019.

Além disso, Moro apresenta algumas dicas para a produção de textos de boa qualidade. Entre elas destacam-se:

- *Usar revisores automáticos de texto.* Embora nada substitua uma leitura atenta por parte do autor, seu orientador e eventualmente por terceiros também, o uso de revisores automáticos ajuda a eliminar erros que poderiam passar despercebidos.
- *Dividir os parágrafos cuidadosamente.* Cada parágrafo deve apresentar uma *ideia central* que pode ser introduzida e comentada no mesmo parágrafo. Quando se introduz uma *nova ideia*, usualmente inicia-se um novo parágrafo. Parágrafos tanto longos quanto curtos demais devem ser evitados.
- *Uma seção ou capítulo deve ser formada(o) por mais de um parágrafo.* Se uma seção contém apenas um parágrafo, então ela não deveria ser uma seção, mas um parágrafo dentro de alguma outra seção. Além disso, seções e capítulos não podem se dividir em uma única seção. Por exemplo, se o capítulo 1 tem seção 1.1, então deve existir pelo menos a 1.2. Caso contrário, deve-se considerar manter o capítulo 1 sem nenhuma seção.
- *Cada frase deve ter um sujeito e um verbo.* Apenas os títulos de seções, figuras e tabelas podem ser compostos por sentenças sem verbo (por exemplo, "Testes finais"). Frases incluídas no texto devem sempre ter pelo menos um verbo. Por outro lado, o texto de uma seção não pode ser continuação do título da seção. Por exemplo, seria errado dar a uma seção o título "3.2.1. Testes finais" e iniciar o primeiro parágrafo da seção com "Foram realizados a contento". O correto seria iniciar o parágrafo com uma frase com sujeito e verbo que possa ser lida independentemente do título da seção, no caso: "Os testes finais foram realizados a contento." Além disso, é um erro de estilo criar uma seção (por exemplo, "3.2.1 Exemplos de algoritmos") e preenchê-la apenas com uma lista de itens. A seção sempre se inicia com texto. Listas de itens podem ser parte da seção, mas nunca sua totalidade. Título + itens é algo que pode ser feito em uma lâmina de transparência, mas não no texto da monografia.
- *Siglas esclarecidas.* Sempre que for usada uma sigla pela primeira vez, ela deve ser definida por extenso. Mesmo que ela apareça na lista de abreviações, no início da monografia, deve ainda assim ser apresentada por extenso no texto, na primeira vez em que for usada. Isso vale inclusive para siglas muito famosas em determinadas áreas (por exemplo, XP [eXtreme Programming] ou RUP [Rational Unified Process] no caso de engenharia de software).

Hexsel (2004) acrescenta mais algumas sugestões:

- Destacar termos usando *itálico* e não **negrito**, pois o primeiro tem efeito mais agradável do que o segundo.
- Usar gráficos planos, que são mais claros do que os pseudotridimensionais (Figura 10.1).
- Evitar anglicismos sempre que possível, por exemplo, usando "enlace" ou "ligação" em vez de "*link*" ou "desempenho" em vez de "*performance*".
- Inserir as referências bibliográficas de forma que não atrapalhem o fluxo do texto; por exemplo, no final de frases (antes do ponto).

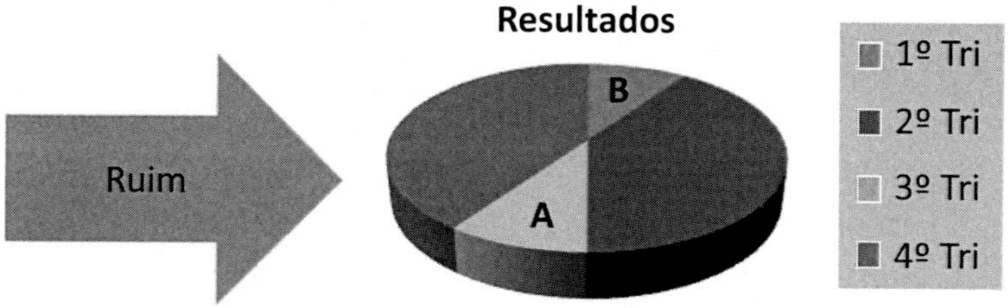


**Figura 10.1** Gráfico que distorce a realidade: *A* e *B* são iguais, mas *A* parece maior.

Dado o costume de trabalhar com linguagens de programação, por vezes os alunos de computação também esquecem como usar apropriadamente os sinais de pontuação. Em um texto, nunca se coloca espaço antes de sinal de pontuação, mas sempre se coloca espaço após o sinal se houver uma palavra em seguida. Veja a seguir exemplos e contraexemplos.

- Esta é uma frase.O ponto final da frase anterior deveria ter um espaço depois dele.
- Esta é uma frase . O ponto final da frase anterior tem um espaço antes que não deveria existir.
- Esta é uma frase. O ponto final está bem colocado.

No caso de parênteses, colchetes e chaves, nunca deve haver espaço na parte interna desses símbolos. Se do lado de fora houver uma palavra, usa-se espaço. Porém, se após fechar parêntese ou similar houver um sinal de pontuação, não se usa espaço. Exemplos a seguir:

- Este texto (corretamente formatado) está entre parênteses.
- Este outro(mal formatado) ficou com o abre parêntese colado na palavra anterior.
- Este aqui ( mal formatado) tem um espaço a mais depois do abre parêntese.
- Finalmente (bem formatado), este aqui suprime o espaço após o fecha parêntese por causa da vírgula.

Na dúvida, o aluno sempre deve procurar ler bastante e ver como os textos são formatados e não inventar formatações novas, nem seguir os padrões usuais de linguagens de programação, pois estes se aplicam a programas, não a textos.

Um último aspecto que consiste em erro muito comum nas monografias em Computação é o uso inadequado de letras maiúsculas no início de palavras. Em geral, há duas regras que devem ser observadas. Em primeiro lugar, títulos de capítulos ou seções do texto usualmente não levam sinal de pontuação no final, mas os substantivos, adjetivos e a maioria dos verbos devem iniciar em maiúscula. Seguem exemplos:

- *Título do Trabalho com Letras Maiúsculas Corretamente Usadas.*
- *Título do Trabalho com Ponto Final que não Deveria Existir.*

Alguns veículos também poderão exigir um estilo em que títulos do primeiro nível aparecem com *TODAS AS LETRAS MAIÚSCULAS*, em segundo nível apenas com *As Iniciais das Palavras em Maiúscula* e em terceiro nível apenas com *A primeira letra do título em maiúscula*. Deve-se ficar atento, assim, ao que o veículo de publicação ou universidade exige.

Um título somente terá pontuação final se for uma interrogação ou exclamação. Por exemplo:

- *Como fazer um título correto?*

Agora, em relação ao uso da letra maiúscula no texto em geral, usa-se apenas no início de frases (novo parágrafo ou após um ponto) ou no caso de nomes próprios. É errado usar letra maiúscula aleatoriamente, como muitos alunos fazem. Veja estes exemplos:

- O Sistema que foi desenvolvido... ("sistema" não é nome próprio).
- Esta Dissertação foi escrita... ("dissertação" não é nome próprio).
- Durante a Aula Inaugural foi apresentado... ("aula inaugural" não é nome próprio).

Essas são regras de estilo que, em geral, não afetam o conteúdo de um trabalho, mas ajudam a torná-lo mais agradável de ler. Mais regras podem ser encontradas no Acordo Ortográfico da Língua Portuguesa de 1990 em sua Base XIX.[14]

[14] Disponível em: <http://www.priberam.pt/docs/AcOrtog90.pdf>. Acesso em: 23 de julho de 2020.

# 11

# Artigo Científico

O artigo científico é a forma academicamente reconhecida de divulgação de um trabalho de pesquisa. No nível de mestrado, e especialmente no de doutorado, espera-se, e em alguns casos exige-se, a publicação de um artigo em uma conferência ou periódico de boa qualidade. Este capítulo apresenta algumas dicas sobre escrita de artigos e finaliza com comentários sobre o sistema brasileiro de avaliação da qualidade de veículos de publicação, o Qualis, definido pela Capes (Coordenação de Aperfeiçoamento de Pessoal de Nível Superior), vinculada ao Ministério da Educação.

Todas as recomendações relativas ao texto da monografia valem também para artigos científicos. Adiciona-se ainda a recomendação de que o artigo deve ser muito mais sucinto do que a monografia. Então a clareza e a objetividade são muito mais críticas em um artigo do que em uma monografia.

## 11.1 Autores

Ao contrário da monografia, que é um trabalho individual, o artigo científico muitas vezes será um trabalho colaborativo. No caso da monografia, o autor é o aluno e o orientador não é considerado coautor. Mas se a monografia der origem a um ou mais artigos científicos, é natural que o orientador seja coautor, embora, normalmente, apareça em segundo lugar. Outros coautores poderão ser convidados a participar da escrita do artigo, caso necessário.

Não existe um consenso sobre qual deve ser a ordem em que os autores devem aparecer no artigo. Em alguns casos recomenda-se, por simplicidade, o uso da ordem alfabética. Porém, o primeiro autor de um artigo costuma ser considerado o mais importante. E o uso da ordem alfabética pode criar certa confusão. Pode ser difícil, no caso de trabalhos cooperativos entre pesquisadores ou instituições, chegar a uma conclusão sobre quem é o autor principal. Mas, no caso de artigos inspirados em monografias, essa decisão é bem mais simples:

- Em primeiro lugar, deve aparecer o nome do aluno que foi o autor da monografia em questão, visto que ele é considerado o autor principal do trabalho monográfico que deu origem ao artigo.
- Em segundo lugar, deve aparecer o nome do orientador, já que ele tem também grande responsabilidade sobre o trabalho original, bem como sobre sua revisão final.
- Em terceiro lugar, poderão aparecer, se houver, coorientadores, colegas ou outros pesquisadores que tenham de alguma forma contribuído para o texto.

O usual é que sejam considerados coautores apenas as pessoas que participaram efetivamente da confecção do texto, embora algumas vezes acabem sendo citadas também pessoas que tenham ajudado na coleta de dados ou na implementação dos protótipos que deram origem ao trabalho. Não se recomenda, em geral, uma lista muito grande de coautores, porque pode dar a impressão de que se tenta artificialmente melhorar o currículo de alguém. Mas eventualmente pode ser o caso, em especial quando se trata de trabalhos oriundos de cooperação interinstitucional.

## 11.2 Motivação para Escrever

Não se deve escrever um artigo se não se sabe ainda o que se vai dizer. Parece senso comum, mas, às vezes, os estudantes começam assim um trabalho.

Primeiramente, o candidato a autor deve pensar em uma frase que resuma a contribuição do artigo e então desenvolver essa frase apresentando antecedentes, detalhamento e consequências dessa ideia. Caso não consiga pensar em uma frase que resuma o artigo, o autor estará em maus lençóis. Talvez seja interessante parar e pensar mais um pouco ou, ainda, desenvolver melhor a pesquisa, organizar as ideias, procurar o orientador e então tentar de novo.

Um artigo consiste na comunicação de uma ideia. Não se deve falar por falar. Não se deve escrever à toa nem desperdiçar preciosas linhas com informação irrelevante ou desconexa.

Um artigo científico em geral é um texto curto, com oito a doze páginas. Raramente um artigo terá mais do que dezesseis páginas. Então, o artigo não pode e não deve ser um tratado sobre uma área do conhecimento, mas a transcrição objetiva e precisa de uma ideia de pesquisa, do desenvolvimento que a validou e das suas consequências no mundo.

O artigo não deve ser uma apresentação completa de uma ferramenta, protótipo, método ou processo. Para isso, pode-se escrever um manual ou relatório técnico com quantas páginas se queira. O artigo deve enfatizar o resultado concreto obtido na pesquisa. Importante também é mostrar ao leitor como o autor chegou a esse resultado e, afinal de contas, qual é o problema real que o resultado resolve.

Para a melhor compreensão do assunto, o leitor deve receber, no início do artigo, um resumo dos principais conceitos, apenas aqueles imprescindíveis para compreender os resultados. Nota-se que estabelecer quais são os conceitos necessários para a compreensão do artigo depende, muitas vezes, do tipo de veículo de publicação. Por exemplo, para escrever um artigo sobre redes neurais aplicadas a sistemas de previsão de cotações da bolsa e publicar em um evento de Computação, não é necessário definir o que são redes neurais, basta mencionar qual modelo foi usado, por que foi escolhido e colocar uma citação bibliográfica. Por outro lado, os conceitos de Economia usados possivelmente terão de ser explicados com mais detalhe para que um leitor da área de computação possa entender a pesquisa. Por outro lado, se a publicação ocorrer em um evento de Economia, acontece o contrário. Deve-se explicar com mais detalhe o que é uma rede neural e como ela funciona, e pode-se ter mais parcimônia em relação aos conceitos de Economia.

Snyder (1991) propõe que o autor de um artigo faça a si mesmo algumas perguntas antes de submeter o artigo a um evento. A primeira dessas perguntas é: "Por que estou escrevendo este artigo?". Se a resposta for "Para documentar o que tenho feito nos últimos dois anos", o autor corre um sério risco de ter seu trabalho rejeitado. Poucas pessoas estarão interessadas em saber o que alguém fez nos últimos dois anos. Se o objetivo for documentar essas atividades, o autor deve escrever um relatório de pesquisa, não um artigo.

Outra resposta errada seria: "Para melhorar o meu currículo." Essa até poderia ser a motivação inicial para alguém escrever um artigo, mas dificilmente motivará outros a aceitarem o texto para publicação. Então deve-se buscar outra resposta.

A resposta correta para a questão estaria na linha de "Comunicar uma ideia a alguém". Então, ainda segundo Snyder, as questões seguintes seriam: "O que o meu artigo está tentando comunicar?" e "Qual é o público-alvo do meu artigo?". Se o autor não conseguir responder categoricamente a essas duas questões, há uma grande chance de ser um artigo fraco.

Outra questão é que um artigo focado tem mais chance de ser bom do que um artigo disperso. É melhor tomar *uma* ideia e trabalhá-la claramente no artigo do que passar superficialmente sobre um conjunto grande de ideias que o autor teve ao longo da vida. No caso de várias ideias, é melhor escrever vários artigos.

Depois de saber de forma clara o que o artigo está comunicando, o autor ainda deve se perguntar se vale a pena apresentar essa comunicação, ou seja, ele está realmente comunicando uma nova ideia ou é apenas uma nova maneira de apresentar uma velha ideia que já é muito conhecida? É uma ideia relevante ou é trivial? É apenas uma conjetura ou uma informação baseada em sólidas evidências?

## 11.3 Trabalhos Correlatos

Não só um artigo, como também a monografia final, deve mencionar trabalhos correlatos. Não se aceitam desculpas do tipo "Ninguém nunca fez algo parecido" (pois "parecido" é um termo difuso e muito flexível) ou "Não encontrei nada na bibliografia sobre isso" (o leitor vai sempre pensar que não se procurou o suficiente). Um aluno inteligente vai evitar cair nessa armadilha!

Mas o que fazer se efetivamente não for encontrado nada? Por exemplo, se alguém está pesquisando as aplicações de redes neurais na bolsa e por mais que procure não encontra outro trabalho sobre esse assunto, como escapar dessa armadilha?

A primeira dica é delimitar claramente o escopo da pesquisa bibliográfica. Em vez de dizer "procurei e não achei nada", o que é um suicídio acadêmico, deve-se usar um mapeamento sistemático da literatura: escolher as melhores bases de dados de periódicos e conferências na área, fixar um período de tempo razoável para realizar as pesquisas nesses veículos; por exemplo, os últimos 10-20 anos e, por fim, fazer a pesquisa sistematicamente nesses veículos no período de tempo delimitado, verificando título e resumo dos artigos. Os artigos podem então ser classificados em "não relacionados", "moderadamente relacionados" e "fortemente relacionados". Se o aluno não encontrar nenhum artigo fortemente relacionado, pode mencionar no seu trabalho os moderadamente relacionados.

Agindo dessa forma, o leitor fica mais tranquilo. Ninguém pode ser culpado por não ter encontrado um artigo sobre o assunto que eventualmente tenha sido publicado em um evento local obscuro em alguma língua estrangeira diferente do inglês, pois ninguém é capaz de saber tudo, não? Mas o aluno estará bem respaldado se esse artigo existir e se algum avaliador o mencionar, pois ele delimitou sua revisão bibliográfica realizando um mapeamento sistemático. Se aquele trabalho em uma língua falada por poucos é realmente bom, por que não foi submetido aos bons veículos de publicação reconhecidos pela comunidade e disponíveis nas bases de dados em inglês?

## 11.4 Contribuição do Artigo

Sobre a contribuição do artigo pode-se recomendar:

- Não ser modesto!
- Não exagerar!

Para Platão (2006), os vícios estão nos extremos, e a virtude, no equilíbrio. Então, o autor deve ser realista em relação aos resultados e à contribuição do seu artigo.

O autor deve convencer o comitê avaliador de que seus resultados estão corretos. Não se deve esperar que eles simplesmente acreditem nas ideias ou se simpatizem com elas. Eles precisam ser convencidos. O comitê avaliador fará uma leitura crítica do artigo, procurando por lapsos que possam invalidar o trabalho. Para ser publicado, o trabalho precisa passar por esse crivo. Então, um convencimento crítico é necessário. Devem-se apresentar provas, evidências e exemplos que possam ajudar.

Finalmente, a contribuição do artigo deve estar clara desde o *abstract* ou resumo. Ela não pode ser deixada para o final. Os resultados devem ser apresentados logo no início do artigo para interessar o leitor. Depois o autor pode ir explicando como chegou a eles.

## 11.5 Tipos de Artigos

Há vários tipos ou estilos de artigos, cada um dos quais com suas próprias características e seus próprios veículos de publicação. Esta seção destaca alguns.

### 11.5.1 Artigo Teórico

Um *artigo teórico* basicamente apresenta um conjunto de definições, conhecido como "teoria", e posteriormente passa a provar propriedades lógicas desse conjunto. Exemplos de técnicas de prova usadas nesse tipo de artigo são indução (matemática ou estrutural) e redução ao absurdo.

Em um artigo teórico, cada afirmação precisa ser colocada cuidadosamente, e todas precisam ser fundamentadas. Pode-se fundamentar uma afirmação por meio de referência bibliográfica, prova lógica, relato de observação direta ou, ainda, como hipótese ou definição.

Porém, não adianta fazer apenas a abordagem teórica de uma questão. É preciso mostrar qual é o problema real que essa teoria resolve. Então não adianta criar uma teoria bonita que não sirva para nada. Mesmo um artigo teórico deve ter algum tipo de consequência no mundo.

### 11.5.2 Relato de Experiência

Um *relato de experiência* conta uma história informativa sobre um experimento e suas observações. Esse relato deve mostrar como a situação observada reflete situações mais gerais. Ou seja, o relato de experiência deve, sempre que possível, não se fixar na instância específica sendo observada, mas apresentar a possível generalização das observações para outras situações.

Deve-se evitar entrar em detalhes irrelevantes sobre o experimento. Apenas as informações necessárias para compreender ou validar o relato devem ser incorporadas.

O relato deve se concentrar nas ideias, e não no experimento em si. Ou seja, o relato de experiência não é uma narrativa sobre todos os passos que o autor deu no caminho da observação, mas uma estruturação das ideias aprendidas durante a observação. Essa estruturação, então, raramente será apresentada de forma temporal narrativa, mas de forma dissertativa, organizada por conceitos e suas implicações.

### 11.5.3 Artigo sobre Métodos

*Artigos sobre métodos* são especialmente comuns na Ciência da Computação. Um bom artigo sobre método não pode ser simplesmente uma apresentação do método. Ele deve se concentrar nas vantagens que o método apresentado tem sobre outros anteriormente propostos para o mesmo problema ou problemas semelhantes.

Um artigo sobre métodos deve ter um objetivo informativo bem claro, ou seja, o novo método deve ter um ponto focal. O artigo deve relacionar as vantagens do novo método sobre abordagens anteriores. Então, aqui, a comparação bibliográfica é fundamental para a aceitação do artigo.

Recomenda-se que um artigo sobre métodos permita a aplicação do método em um projeto real. Quando isso não for possível, a referência a um texto mais completo pode ajudar. Além disso, como o artigo deve conter uma comparação com métodos preexistentes, ele deve deixar bem claro qual a métrica usada para a comparação.

Uma comparação subjetiva terá pouco valor, especialmente se o autor não deixar claro de onde vieram os resultados. Por exemplo, uma tabela de características, na qual se comparam diversos métodos avaliando cada um com o valor "atende", "não atende" ou "atende parcialmente", não terá muito valor, a não ser que o autor deixe bem claro como essas avaliações foram obtidas, de forma que possam ser repetidas por observadores independentes.

O artigo deve ser mais do que uma apresentação do método com explanação. O importante não é listar os procedimentos operacionais do novo método, mas apresentar as ideias que o novo método incorpora.

Além do mais, o artigo deve ser equilibrado. Novas abordagens em geral não são a panaceia universal. Se o novo método tem vantagens, possivelmente também terá limitações, que devem ser descritas e analisadas no artigo.

## 11.6 Veículos de Publicação

Os resultados de uma pesquisa podem ser publicados em uma série de veículos reconhecidos pela comunidade científica. Quanto maior o impacto do veículo, ou seja, o número de pessoas que ele efetivamente atinge, maior deve ser a dificuldade relativa de se conseguir publicar um artigo ali.

Então, dependendo da real contribuição e inovação do trabalho, diferentes veículos de publicação deverão ser escolhidos. O estudante não deve ficar desestimulado se sua primeira tentativa de publicação for frustrada. Usualmente, avaliações críticas consistentes sobre o trabalho são entregues explicando os motivos da recusa. Essas avaliações podem e devem ser usadas como um estímulo e um guia para produzir uma versão melhorada do artigo visando à publicação em outro veículo.

Existem veículos que são bem específicos de cada área, como, por exemplo, o Simpósio Brasileiro de Qualidade de Software ou o *IEEE Transactions on Software Engineering*. Mas eles não são os únicos veículos em que se pode publicar. Há periódicos e eventos mais genéricos que, em geral, aceitam artigos de todas as subáreas da Computação; por exemplo, o SEMISH (Seminário Integrado de Software e Hardware), que ocorre junto ao Congresso da Sociedade Brasileira de Computação, e o periódico *Communications of ACM*. Ambos são considerados bons veículos.

Em relação ao estilo do veículo, podem-se fazer as seguintes distinções:

- *Periódicos*: São considerados a publicação mais importante por todas as áreas da ciência. Os melhores artigos usualmente são destinados aos periódicos mais reconhecidos dentro de cada área. A Ciência da Computação no mundo todo, entretanto, conta com poucos periódicos quando comparada a outras áreas do conhecimento. No Brasil, periódicos de qualidade em Ciência da Computação são raros.
- *Conferências*: A Ciência da Computação privilegia a publicação em conferências, o que muitas vezes cria problemas em relação à avaliação relativa a outras áreas, como Física e Química, cujos pesquisadores publicam quase exclusivamente em periódicos. Embora não tão valorizadas quanto os periódicos por outras áreas,

as conferências em Computação podem ter peso relativo muito relevante na produção científica de um pesquisador.

- *Workshops e seminários*: Em geral, são eventos-satélites de conferências maiores. Como são normalmente muitíssimo restritos em termos de abrangência temática e número de participantes, são considerados publicações de menor impacto, embora alguns *workshops* tenham se firmado como boas conferências ao longo de uma história consistente de boas edições.
- *Livros e capítulos de livros*: Embora muito valorizados, livros e capítulos de livros são publicações que usualmente não resultam de teses e monografias (com poucas exceções), visto que, em geral, o objetivo desse tipo de publicação é apresentar conteúdo didático para compreensão por parte de um público bem mais amplo do que o conjunto de pesquisadores de determinada área da ciência.

Existe uma diferença fundamental no estilo de processo de revisão de eventos e periódicos. Como os eventos ocorrem em data predeterminada, as publicações em geral são submetidas até determinado prazo (*deadline*) e então avaliadas por um comitê de programa. Trata-se, normalmente, de um processo competitivo em que os melhores artigos são aceitos para publicação, com algumas poucas sugestões de modificação no texto. A maioria dos eventos, em especial os mais bem-conceituados, aceitará uma porcentagem relativamente pequena dos artigos submetidos. Então, no caso de envio de artigo a um evento, o autor terá apenas uma chance de publicar. O artigo deve estar pronto e em condições de concorrer com outros artigos. Se estiver entre os melhores, será publicado; caso contrário, será rejeitado.

Já o processo de revisão em periódicos acontece de forma diferenciada. Exceto no caso de números especiais temáticos, os periódicos funcionam com regime de envio contínuo, ou seja, não há *deadline*. Assim, um artigo eventualmente aceito no periódico entra em uma fila e será publicado quando chegar a sua vez. O processo de revisão, então, pode ser bem mais interativo do que no caso de eventos.

Um artigo submetido será revisado pelo comitê editorial e, possivelmente, várias sugestões serão feitas ao texto antes que ele possa ser aceito para publicação. Poderão, inclusive, acontecer várias rodadas de avaliação do texto, em que os revisores solicitam modificações, e os autores as incorporam ao texto, se possível. Esse processo interativo de revisão de um texto pode até levar anos, em alguns casos, mas procura garantir que o material final estará adequado ao público-leitor do periódico, de acordo com os critérios do comitê editorial.

Deve-se ter em mente também que o processo de revisão em periódicos é muito mais detalhado do que em conferências. No caso de conferências, os revisores trabalham com *deadlines* e, às vezes, recebem um grande fardo de avaliações para fazer, estando, dessa forma, mais sujeitos a cometer erros de avaliação. No caso de periódicos, a revisão é feita com mais tempo e, portanto, é bem mais detalhada.

Em relação a livros, deve-se tomar cuidado, especialmente após a publicação da monografia, pois tem crescido o fenômeno das *editoras predatórias* que oferecem aos alunos recém-formados a possibilidade de transformar sua monografia em livro, editado e vendido pela editora. Normalmente, o processo editorial é simplesmente de diagramação, e o aluno vai arcar com despesas altas para ver seu trabalho publicado e depois vendido a preços altíssimos, o que desencoraja a efetiva divulgação do material. Ao final, o aluno poderá adquirir da editora o restante das cópias com algum desconto, mas ainda assim caro, para distribuir entre parentes e amigos. Deve-se enfatizar que o negócio dessas editoras consiste mais em lucrar em cima do autor do que realizar a divulgação do trabalho científico.

Existem, porém, editoras mais sérias e estas, normalmente, fazem um contrato com o candidato a autor de forma que a editora se responsabiliza por todos os custos de produção do livro, cabendo ao autor apenas submeter o manuscrito original ao conselho editorial. Depois de o livro ser publicado e comercializado, o autor passará a receber *royalties* periodicamente, de acordo com o contrato firmado com a editora.

Além do tipo de publicação, a abrangência também deve ser considerada. Todos os diferentes veículos têm uma abrangência estimada, que pode ser:

- *Internacional*: veículos publicados em língua inglesa que são distribuídos ou que contam com a participação de autores de vários países, sem predominância de nenhuma nação, como, por exemplo, a maioria dos periódicos e conferências da IFIP, ACM e IEEE.
- *Nacional*: não são apenas os veículos publicados no Brasil, como se poderia pensar. Existem periódicos e conferências de abrangência nacional publicados em outros países. Caracteriza-se como veículo nacional aquele que é publicado em língua diferente do inglês ou que, embora publicado em inglês, tenha participantes predominantemente de um único país ou região, por exemplo, a Conferência Latino-americana de Informática (CLEI) e a maioria dos simpósios da SBC.
- *Regional*: são veículos que abrangem apenas uma fração de um país, por exemplo, um estado brasileiro e/ou região geográfica. Exemplos desse tipo de veículo são os anais da Escola Regional de Bancos de Dados e o Seminário Catarinense de Imagens Médicas.
- *Local*: são veículos publicados por uma única universidade ou faculdade. Em geral, contam com um comitê avaliador local ou de pouca abrangência, e a maioria dos autores de artigos pertence à própria instituição. Por exemplo, a Semana de Informática da Universidade *X*.

Existem, então, as combinações entre os diversos tipos de publicação e sua abrangência, como, por exemplo, periódico internacional ou evento regional etc. O documento de área da ciência da computação na Capes distingue os seguintes tipos: periódico internacional (PI), periódico nacional (PN), conferência internacional (CI), conferência nacional (CN), livro científico nacional (LCN), livro didático nacional (LDN), livro científico internacional (LCI), livro didático internacional (LDI), capítulo de livro nacional (CLN) e capítulo de livro internacional (CLI).

Deve-se prestar atenção ao seguinte: algumas conferências publicam seus anais como livros, com ISBN, inclusive. Não existe consenso na comunidade sobre se isso caracteriza uma publicação em livro ou se seria publicação em conferência. Porém, pela lógica, deveria ser considerado livro apenas a obra literária que foi proposta e construída com esse propósito. Um livro tem uma estrutura sequencial e lógica, o que não ocorre normalmente com conferências, porque estas publicam os melhores artigos. Mas estes são submetidos de forma independente pelos seus autores, com base no trabalho de pesquisa que tenham efetuado, sem uma sequência lógica predeterminada.

A era da Informática, entretanto, tem facilitado tanto a criação de publicações que possivelmente as fronteiras claras que havia antes entre os diferentes tipos de publicação não mais existam no futuro.

## 11.7 *Qualis*

A Coordenação de Aperfeiçoamento de Pessoal de Nível Superior (Capes), órgão do Ministério da Educação do Brasil, publica uma lista de veículos utilizados para a divulgação da produção intelectual dos programas de pós-graduação *stricto sensu* (mestrado e doutorado), classificados quanto ao seu impacto relativo por área de avaliação. Essa lista, que representa o sistema de avaliação de periódicos, o *Qualis*, é usada pela Capes para fundamentar o processo de avaliação do Sistema Nacional de Pós-graduação.

O *Qualis*, que até 2019 era organizado por área do conhecimento, passou a ser único para todas as áreas, ou seja, cada periódico passa a ter um conceito único na lista do *Qualis*. São considerados periódicos os veículos de divulgação com corpo editorial reconhecido, com avaliação pelos pares (pareceristas *ad hoc*), dotados de ISSN e que aparecem em bases de dados reconhecidas internacionalmente. Os indicadores bibliométricos relacionados com essas bases de dados são o Scopus (CiteScore), Web of Science (fator de impacto) e Google Scholar (índice H5).

Os periódicos são, assim, classificados em nove níveis: A1, A2, A3, A4, B1, B2, B3, B4 e C, sendo A1 o nível mais alto, indicando um periódico de excelência e C o nível mais baixo, indicando que se trata de um periódico que não atende às boas práticas editoriais, como, por exemplo, avaliação por pares.

# 12

# Ética Acadêmica

Um ponto a ser sempre mencionado quando se fala de ética acadêmica é a questão do *plágio*. Em hipótese alguma podem-se utilizar textos escritos por outra pessoa, mesmo em um trabalho de cunho eminentemente escolar, sem colocar o texto citado entre aspas e mencionar a fonte de consulta. Utilizar o trabalho de outro como se fosse seu é considerado crime de plágio pela legislação brasileira.

Mesmo traduções devem ser evitadas. Se for o caso de mencionar algum texto em outra língua, recomenda-se que seja mantido no original entre aspas e com a fonte citada. Opcionalmente pode-se colocar em nota de rodapé uma tradução. Se a fonte de consulta for a obra traduzida, pode-se citar conforme a língua em que foi traduzida (no caso, português), mas, se a tradução for feita pelo próprio autor do trabalho, recomenda-se manter o original e utilizar a nota de rodapé para a tradução, visto que não se trata de uma tradução oficial e, portanto, o sentido da tradução não pode ser atribuído ao autor do texto original.

*Plágio* é a apropriação indevida de ideias ou textos de outras pessoas. A prática da cópia do trabalho alheio era comum e aceita entre os escribas antigos e os músicos da Renascença e do Barroco, mas, com o passar do tempo e com a consolidação do direito à propriedade e sua exploração, o plágio adquiriu *status* de procedimento antiético. Porém, sempre aconteceu. Na era da internet, nunca foi tão fácil copiar o trabalho alheio, mas também nunca foi tão fácil detectar essas cópias.

Independentemente da questão da exploração comercial de direitos autorais, o plágio, no meio acadêmico, é extremamente nocivo se não for detectado, pois o plagiador apresenta um resultado que não é de sua autoria e recebe um título que não merece. Nessa condição, ele próprio pode ser prejudicado, ao não dominar conhecimentos que seriam necessários para exercer sua profissão ou, pior ainda, se exercer sua profissão, prejudicará terceiros, por apresentar soluções inadequadas, de acordo com sua própria incompetência.

Há pelo menos duas formas de plágio: a cópia literal de textos de outras pessoas, constituindo integral ou parcialmente um trabalho que deveria ser do autor, e a cópia de ideias, em que o autor, apesar de não repetir as palavras como foram escritas, apresenta as mesmas ideias, na mesma sequência lógica, como se fossem suas.

Não é considerado plágio o uso de ideias de terceiros desde que a fonte apareça claramente identificada. No caso de cópias literais, devem aparecer entre aspas.

Conta-se que, certa vez, um estudante de doutorado plagiou uma tese, copiando o texto integral de outro autor e trocando apenas o nome do autor original pelo seu próprio nome (caso real). Durante a defesa, um dos membros da banca, o convidado externo, elogiou copiosamente o trabalho durante vários minutos. No final acrescentou: "Mas você não pode obter o doutorado com essa tese, porque esse trabalho é meu." O plagiador foi tão displicente que sequer olhou o nome de quem estava plagiando e acabou convidando essa pessoa para a banca.

## 12.1 Antecedentes

Até a invenção da imprensa, as obras escritas eram reproduzidas por escribas e copiadores profissionais. Naquela época, apenas esses profissionais da cópia é que eram remunerados pelo seu trabalho. Ao autor cabia apenas o mérito pela obra (mas, às vezes, nem isso).

Com a invenção da imprensa, no século XV, a cópia de textos se tornou uma atividade de massa e, por esse motivo, suscitou a questão da proteção jurídica ao trabalho do autor. Não apenas a questão de proteger o direito ao patrimônio da obra, mas também da proteção à sua integridade.

No início, a censura caminhou junto com a proteção ao direito autoral. Em 1662, por exemplo, na Inglaterra, o *Licensing Act* proibia a impressão de qualquer livro que não tivesse sido previamente autorizado. Já o *Copyright Act*, de 1709, protegia por até 21 anos a propriedade intelectual e patrimonial de obras impressas.

Na França, após a Revolução de 1789, os valores iluministas passaram a imperar e, com isso, a primazia do autor sobre a obra intelectual. A proteção do direito autoral passou a ser válida por toda a vida do autor, inclusive transmitida aos seus herdeiros legais.

No Brasil, a primeira menção sobre proteção dos direitos autorais surgiu em 1827, na lei que criava os cursos jurídicos. Em 1830, a matéria foi regulamentada por meio da promulgação do código de direito criminal.

## 12.2 Proteção aos Direitos Autorais

O Brasil tem uma das legislações mais fortes em relação a direitos autorais do mundo. Nos Estados Unidos, por exemplo, a proteção ao direito autoral depende de registro. No Brasil, o registro não é precondição para a proteção do direito autoral. Basta a prova da autoria. Pode-se, por exemplo, lacrar a obra literária ou técnica em um envelope do correio e remetê-la para si mesmo ou para uma pessoa de sua confiança. Não se deve abrir esse envelope, exceto em juízo. O carimbo do correio é uma prova da data da produção ou, pelo menos, mostra que na data do envio a produção estava com a pessoa em questão. Assim, no caso de um processo por plágio, o autor tem como provar que o texto estava com ele em determinada data. Se essa data for anterior à produção tida como plágio, boa parte do processo terá sido resolvida em favor do autor.

Nos cursos de graduação e programas de pós-graduação, é grande a preocupação com o plágio. Em especial, porque nunca foi tão fácil copiar textos usando a internet. Por outro lado, também, nunca foi tão fácil detectar cópias. Sequer são necessárias ferramentas sofisticadas para isso. Bastam um site de busca e uma cópia da monografia. Três ou quatro palavras são escolhidas de forma aleatória em qualquer ponto da monografia e pesquisa-se no site de busca. Dificilmente a ocorrência dessas palavras juntas em um texto será mera coincidência. Com esse recurso, é possível descobrir a grande maioria dos casos de plágio.

Textos traduzidos de outras línguas para o português são mais difíceis de detectar, mas nem tanto. Normalmente, o próprio estilo de escrita permite perceber que um texto é uma tradução e não um texto originalmente escrito em português. Por exemplo, os brasileiros dificilmente usam a palavra "eventualmente" ou "fornece" em textos científicos quando escrevem em português, mas traduzem essas palavras de forma literal a partir de textos em inglês, em que são mais comuns (no caso, respectivamente, "*eventually*" e "*provides*").

Acredita-se que boa parte do plágio acadêmico ocorria porque os alunos não eram corretamente orientados em relação ao que podia e ao que não podia ser copiado. Então, para que não haja dúvidas, aqui vai a resposta: *nada* pode ser copiado, a não ser que seja colocado entre aspas e com a citação da fonte bibliográfica. Mesmo assim, deve-se agir com parcimônia, pois as citações não podem predominar em um trabalho científico. É necessário haver a contribuição do autor.

Certa vez, um aluno de especialização entregou uma monografia com 20 páginas (caso real). Na primeira página, ele escreveu algo como "Outro dia li um artigo interessante na internet". Em seguida, ele abria aspas e incluía o dito artigo literalmente na monografia. Vinte páginas depois, após fechar aspas, ele concluía, dizendo: "Por isso achei o artigo tão interessante." O aluno foi reprovado. Ele questionou dizendo que, como tinha colocado o texto entre aspas e citado a fonte, isso não era plágio. Mas foi reprovado mesmo assim, pois tirando o que estava entre aspas não sobrava praticamente nada do trabalho dele. Assim, o trabalho foi considerado insuficiente para a obtenção do título.

## 12.3 A Lei Brasileira

É interessante saber o que diz a lei brasileira. A principal referência, no caso de plágio, é a Lei 9.610, de 19 de fevereiro de 1998. Essa lei altera, atualiza e consolida a legislação sobre direitos autorais.

Uma pergunta frequente na área de Computação é se o governo, ao subvencionar um projeto, torna-se detentor do direito autoral sobre ele. Por exemplo, se o aluno recebe uma bolsa da Capes ou do CNPq para fazer sua monografia, esses órgãos têm algum direito sobre a monografia e seus produtos? A lei é clara em seu art. 6º:

> Não serão de domínio da União, dos estados, do Distrito Federal ou dos municípios as obras por eles simplesmente subvencionadas.

Já o art. 7º estipula quais são as obras protegidas pela lei (literalmente):

> Os textos de obras literárias, artísticas ou científicas.
>
> As conferências, alocuções, sermões e outras obras da mesma natureza.
>
> As obras dramáticas e dramático-musicais.
>
> As obras coreográficas e pantomímicas, cuja execução cênica se fixa por escrito ou por outra qualquer forma.
>
> As composições musicais, tenham ou não letra.
>
> As obras audiovisuais, sonorizadas ou não, inclusive as cinematográficas.
>
> As obras fotográficas e as produzidas por qualquer processo análogo ao da fotografia.
>
> As obras de desenho, pintura, gravura, escultura, litografia e arte cinética.
>
> As ilustrações, cartas geográficas e outras obras da mesma natureza.
>
> Os projetos, esboços e obras plásticas concernentes à geografia, engenharia, topografia, arquitetura, paisagismo, cenografia e ciência.
>
> As adaptações, traduções e outras transformações de obras originais, apresentadas como criação intelectual nova.
>
> Os programas de computador.
>
> As coletâneas ou compilações, antologias, enciclopédias, dicionários, bases de dados e outras obras, que, por sua seleção, organização ou disposição de seu conteúdo, constituam uma criação intelectual.

No caso de programas de computador, especificamente, o §1º desse artigo estabelece que eles ainda são objeto de lei específica: a Lei 9.609, de 19 de fevereiro de 1998.

Por outro lado, o art. 8º da Lei 9.610 estabelece quais obras *não* são protegidas por essa lei:

> As ideias, procedimentos normativos, sistemas, métodos, projetos ou conceitos matemáticos como tais.
>
> Os esquemas, planos ou regras para realizar atos mentais, jogos ou negócios.
>
> Os formulários em branco para serem preenchidos por qualquer tipo de informação, científica ou não, e suas instruções.
>
> Os textos de tratados ou convenções, leis, decretos, regulamentos, decisões judiciais e demais atos oficiais.
>
> As informações de uso comum, tais como calendários, agendas, cadastros ou legendas.
>
> Os nomes e títulos isolados.
>
> O aproveitamento industrial ou comercial das ideias contidas nas obras.

Segundo a lei, o autor de uma obra será sempre a pessoa física que a gerou, não a pessoa jurídica. A proteção à pessoa jurídica poderá, porém, também ser concedida em casos previstos em lei. Isso só não vale em relação aos programas de informática, os quais, segundo a Lei 9.609 são de propriedade exclusiva da empresa produtora e não dos programadores contratados por ela.

A duração da proteção ao direito autoral perdura por setenta anos, a contar do dia primeiro de janeiro do ano subsequente à morte do autor. Os direitos patrimoniais sobre a obra são herdados pelos legítimos herdeiros, obedecida a ordem estabelecida pela lei civil. No caso de programas de computador, a proteção vale por cinquenta anos a contar da data de publicação ou registro do produto.

Segundo o art. 46 da Lei 9.610, não constitui ofensa aos direitos autorais a reprodução:

> Na imprensa diária ou periódica, de notícia ou de artigo informativo, publicado em diários ou periódicos, com a menção do nome do autor, se assinados, e da publicação da qual foram transcritos.
>
> Em diários ou periódicos, de discursos pronunciados em reuniões públicas de qualquer natureza.
>
> De retratos ou de outra forma de representação da imagem, feitos sob encomenda, quando realizada pelo proprietário do objeto encomendado, não havendo a oposição da pessoa nele representada ou de seus herdeiros.
>
> De obras literárias, artísticas ou científicas, para uso exclusivo de deficientes visuais, sempre que a reprodução, sem fins comerciais, seja feita mediante o sistema Braile ou outro procedimento em qualquer suporte para esses destinatários.
>
> De um só exemplar de pequenos trechos, para uso privado do copista, desde que feita por este, sem intuito de lucro.
>
> Da citação em livros, jornais, revistas ou qualquer outro meio de comunicação, de passagens de qualquer obra, para fins de estudo, crítica ou polêmica, na medida justificada para o fim a atingir, indicando-se o nome do autor e a origem da obra.
>
> Do apanhado de lições em estabelecimentos de ensino por aquelas a quem se dirigem, vedada sua publicação, integral ou parcial, sem autorização prévia e expressa de quem as ministrou.
>
> De obras literárias, artísticas ou científicas, fonogramas e transmissão de rádio e televisão em estabelecimentos comerciais, exclusivamente para demonstração à clientela, desde que esses estabelecimentos comercializem os suportes ou equipamentos que permitam a sua utilização.
>
> Da representação teatral e execução musical, quando realizadas no recesso familiar ou, para fins exclusivamente didáticos, nos estabelecimentos de ensino, não havendo em qualquer caso intuito de lucro.
>
> De obras literárias, artísticas ou científicas para reproduzir prova judiciária ou administrativa.
>
> De pequenos trechos, em quaisquer obras, de obras preexistentes, de qualquer natureza, ou de obra integral, quando de artes plásticas, sempre que a reprodução em si não seja o objetivo principal da obra nova e que não prejudique a exploração normal da obra reproduzida nem cause prejuízo injustificado aos legítimos interesses dos autores.

Portanto, a regra é copiar apenas o essencial de outros trabalhos, desde que seja realmente necessário para colocar informação sobre esses trabalhos ou traçar um comparativo, lembrando sempre que o trecho copiado deve constar entre aspas e com citação da fonte para que nunca haja dúvida sobre se tratar ou não de plágio.

O plágio no Brasil é considerado crime, e a lei prevê pena de multa e prisão. Portanto, não vale a pena transgredir essa lei. Também não existe plágio mais sério ou menos sério. Plágio é crime perante a lei, e academicamente é uma falta ética gravíssima. Houve o caso em que um estudante plagiou apenas o capítulo de procedimentos metodológicos de sua monografia, copiando-o de outra monografia (caso real). Ele realmente fez o trabalho, realizou a pesquisa, obteve os dados e gerou as conclusões. Mas, pela falta ética de ter copiado parte do trabalho, esse estudante teve seu diploma cassado, independentemente de outros fatores.

## 12.4 Pérolas do Plágio

Augusto C. B. Areal apresentava em seu site uma série de comentários de plagiadores, que são pérolas que evidenciam o tipo de raciocínio ou ignorância que muitas vezes está por trás desse tipo de atitude. O material não está mais *online*, mas algumas dessas pérolas obtidas em 2009 são transcritas a seguir para exemplificar:

> "[...] você deveria esta orgulhoso de ver sue trabalho em um grade sucesso que não é ocasso da sua pagina[sic]." O plagiador sequer consegue escrever corretamente...
>
> "[...] o que de maneira nenhuma constitui-se na ação citada em no assunto (subject) de seu e-mail, o qual refere-se a crime de coação sob utilização de arma branca ou de fogo para obtenção de propriedade alheia. Acusação, aliás, que pode perfeitamente ser objeto de processo judicial por calúnia e difamação (considerando que várias pessoas possuem cópia testemunhal do seu delito criminal) [sic]." Aqui o plagiador acusa o autor de difamação, visto que este teria dito que teve seu material *roubado*, quando, na verdade, foi *furtado*.
>
> "Pensei que você fosse ficar orgulhoso." Sem comentários.
>
> "se voce nao quiser que ninguem copie, nao ponha na Internet. E' bobagem achar que vai ter exclusividade sobre o conteudo na Internet. Besteira pura [...] isso e' a Internet, cara. O jeito correto de lidar com a situacao nao e' falar de [...] de lei de direito autoral, e sim relaxar e aproveitar enquanto a internet ainda e' nossa[...]." Sob esta lógica, se você não quer que alguém roube seu carro, não saia com ele.
>
> "Achei super interessante sua abortagem sobre plagio na rede, porem, constatei que na sua pagina existe alguns gifs (imagens) que acho que nao sao de sua autoria. Seria melhor que os mesmo fossem retirados, pois, e contraditorio falar de plagio e fazer o mesmo, mesmo sendo gifs de dominio publico[sic]." Bem, se é de domínio público pode usar, não?

Em relação a usar materiais de domínio público ou com autorização do autor, apenas deve-se tomar certo cuidado em verificar se a pessoa que autoriza o uso é realmente o autor. Há casos de sites que se apropriam de materiais de terceiros e autorizam seu uso por outras pessoas, mas não teriam direito de fazer isso.

## 12.5 Ética na Submissão de Artigos

Ao enviar um ou mais artigos para conferências ou periódicos, o autor deve estar atento aos aspectos éticos considerados pela comunidade científica.

Em primeiro lugar, a publicação de um artigo em um evento ou periódico implica o compromisso de não enviar ou publicar novamente esse mesmo artigo ou partes dele em outro local.

Outro aspecto não tão evidente, mas também importante, é que um artigo, mesmo que ainda não tenha sido publicado, deve ser submetido a apenas um veículo de cada vez. Ou seja, não se deve cair na tentação de enviar o mesmo artigo a vários eventos ao mesmo tempo, na esperança de que um deles vá aceitá-lo. Snyder (1993) aponta que "*simultaneous submission without notice is considered highly unethical*".[1]

Algumas conferências e periódicos até aceitam envio simultâneo a outro veículo, desde que sejam explicitamente informados.

A forma correta de se tentar uma publicação é, portanto, enviar uma primeira versão do artigo a um veículo e aguardar o resultado. Sendo aprovado para publicação, ótimo! Caso contrário, os avaliadores enviarão juntamente com a informação da recusa de publicação uma lista de motivos. Essa lista vai conter sugestões para melhoria do trabalho, que poderão ser usadas pelo autor de modo a aprimorar o artigo antes de enviá-lo a outro veículo.

Ainda outro aspecto a ser considerado é o caso da publicação de dois ou mais artigos semelhantes sobre o mesmo assunto. Não é considerado ético fazer várias versões de um mesmo artigo e enviá-las a diferentes veículos. Cada artigo apresenta uma ou mais ideias de pesquisa que foram avaliadas. Assim, artigos, mesmo que diferentes na forma, que apresentam as mesmas ideias, são considerados uma forma de autoplágio e, portanto, antiéticos. É possível, por outro lado, publicar vários artigos a partir do mesmo trabalho de pesquisa, desde que cada um trate de aspectos diferentes do trabalho, ou seja, cada artigo deve explorar uma ideia de pesquisa diferente ou, no caso de publicações mais antigas, pode-se gerar um novo artigo aprofundando ou estendendo os resultados já apresentados.

Não se pode copiar diretamente o texto de um artigo já publicado em outro, mesmo em se tratando do próprio autor. Uma vez que o texto tenha sido publicado, ele pode ser citado em um novo artigo por meio de referência bibliográfica, entre aspas, como se fosse outro texto qualquer. Cada artigo deve, portanto, ser escrito com texto predominantemente original.

A única exceção a essa regra é o reaproveitamento do texto da monografia em um artigo científico. Considera-se natural que a monografia possa originar um ou mais artigos e assim, a cópia de partes da monografia do próprio autor nesses artigos não é considerada plágio.

---

[1] Tradução: "Envios simultâneos sem aviso são considerados altamente antiéticos."

# 13

# Níveis de Exigência

Dependendo do nível do curso, deve variar o grau de exigência em relação ao trabalho de conclusão. Embora Eco (1989) defina a monografia como um texto com 100-400 páginas, tamanho não é documento. O que se avalia é o grau e o tipo de contribuição que o estudante apresentou no trabalho.

A estrutura do ensino superior brasileiro identifica diferentes tipos de cursos. Inicialmente, os cursos de graduação, que podem ser cursados pelos egressos do Ensino Médio. Há vários tipos e modalidades: bacharelado, Engenharia e licenciatura são considerados cursos de graduação plena. Cursos de graduação mais rápidos são os cursos de tecnologia, que formam o tecnólogo, e os cursos sequenciais, ainda mais rápidos.

Já a pós-graduação caracteriza-se por dois tipos de curso: o *lato sensu* e o *stricto sensu*. Os cursos *lato sensu*, usualmente denominados "especialização" ou, seguindo modismos norte-americanos, MBA (*Master in Business Administration*), são de cunho mais técnico e de complementação da formação técnica profissional.

Já os cursos *stricto sensu*, em seus dois níveis, mestrado e doutorado, procuram formar pesquisadores e docentes de ensino superior. São cursos, portanto, com características muito diferentes dos cursos de graduação e *lato sensu*.

Há ainda, no Brasil, o *mestrado profissionalizante*, que busca formar um pesquisador em área bem próxima da aplicação profissional. Não se trata de um meio-termo entre a especialização e o mestrado científico. É simplesmente uma forma diferente de conceber um curso de mestrado, com aplicação direta do conhecimento gerado em uma área profissional específica. As exigências em termos de contribuição científica no mestrado acadêmico e profissional usualmente são as mesmas.

Em geral, basta ter um diploma de graduação para poder ingressar em um programa de mestrado. Para ingresso no mestrado, não é necessário ter especialização, embora algumas vezes isso possa valorizar o currículo do candidato no processo seletivo. Certas universidades também validam algumas disciplinas cursadas em nível de especialização ao aluno que ingressa no mestrado. Deve-se verificar caso a caso como a universidade procede nessa validação.

Para ingresso no curso de doutorado, também não é necessário ter o mestrado. Mas é praxe, na maioria dos programas de doutorado, não admitir alunos sem mestrado. A prática é possível, mas os programas dificilmente se arriscam. Alguns programas admitem alunos recém-graduados no mestrado e, se eles se destacarem, podem ser promovidos ao doutorado, sem que tenham que concluir o mestrado antes.

O doutorado é considerado a titulação plena e definitiva em termos acadêmicos. O título de PhD nada mais é do que um doutorado obtido em país de língua inglesa (Eco, 1989).

Existem outros títulos equivalentes também no exterior, e às vezes deve-se tomar cuidado para não os confundir com os títulos outorgados no Brasil. Por exemplo, existem países na Europa com cursos de mestrado de um ano, em que o aluno apenas cursa disciplinas e entrega um trabalho escrito, constando basicamente de revisão bibliográfica. Esses cursos não são considerados equivalentes ao mestrado brasileiro, mas sim a cursos de especialização.

Para que um diploma no exterior seja reconhecido no território brasileiro, é necessário que seja revalidado por uma universidade brasileira com delegação de poderes do Ministério da Educação para tal fim (em geral, as universidades federais). Por mais conceituado que seja o diploma obtido no exterior, ele só terá validade no Brasil mediante esse processo de revalidação. Tal processo é, na maior parte das vezes, demorado, pois a universidade brasileira que tenha um programa *stricto sensu* na área da monografia apresentada constituirá uma banca avaliadora que verificará se o trabalho teria qualidade para ser aprovado no próprio programa. Tendo qualidade, o título é revalidado e recebe um carimbo no verso do diploma, atestando sua validade no Brasil. Caso contrário, o pedido é recusado.

No caso de cursos à distância, deve-se verificar, inicialmente, se a instituição tem autorização expressa do Ministério da Educação para oferecer esse tipo de curso (www.mec.gov.br). No caso de instituições estrangeiras que oferecem cursos à distância no Brasil, também se deve tomar especial cuidado, pois o diploma é emitido no exterior e não tem validade automática aqui.

O *pós-doutorado* não é um título acadêmico. Usualmente, pesquisadores com doutorado recente fazem um estágio realizando pesquisas por 6 a 24 meses junto a um pesquisador mais experiente em outra instituição. Mas essa relação não gera diploma e, portanto, não é titulação acadêmica. O principal resultado que se espera de um pós-doutorado é a produção de artigos científicos e o amadurecimento do pesquisador que se submete a ele, além do estreitamento de laço de cooperação com a instituição visitada.

## 13.1 Graduação

O que se espera de um trabalho de conclusão em um curso de graduação? Nesse nível podem ser feitos dois tipos de trabalho de conclusão de curso: o tecnológico e o científico. O *trabalho científico* deve seguir as linhas metodológicas descritas neste livro.

Já o *trabalho tecnológico* consiste usualmente em ser o aluno capaz de mostrar que sabe aplicar as técnicas que aprendeu ao longo do curso. O desenvolvimento de um sistema interessante pode ser um bom exemplo de trabalho de final de curso, desde que o aluno o desenvolva usando técnicas aprendidas durante o curso e apresente um relatório mostrando isso.

Porém, mesmo que o aluno vá apenas desenvolver um produto, pode ser muito importante que ele faça um mapeamento sistemático para descobrir quais produtos já existem e em que o produto dele pode ser diferente. Suponha, por exemplo, que o aluno gostaria de desenvolver uma ferramenta informatizada para *sprint backlog*. Antes de começar a analisar requisitos ou escrever código, ele deveria pesquisar quais ferramentas já existem e quais as suas características. Assim, ele poderá em seguida criar uma melhor do que as existentes pelo fato de ter características que estas não têm. Ele não está gerando ciência, porque o trabalho não gera conhecimento novo, seu produto é uma ferramenta de informática. Mas essa ferramenta pode se tornar relevante no mercado caso ele descubra quais são suas características únicas.

## 13.2 Especialização

Os cursos de especialização já foram encarados como um degrau para chegar ao mestrado. Hoje, porém, são vistos muito mais como uma complementação ou atualização profissional. Pela lei brasileira, todo curso de especialização requer a elaboração e defesa pública de uma monografia.

Essa monografia pode até ser um trabalho de pesquisa, feito nos moldes metodológicos apresentados neste livro. Mas é aceitável também, em muitos cursos, que o aluno desenvolva apenas um estudo bibliográfico e apresente as ideias aprendidas com alguma pequena contribuição pessoal, consistindo normalmente em comentários à bibliografia ou ao resultado de experimentos simples. Em geral, não se exige, nesses casos, provas de hipóteses ou uma contribuição científica mais relevante. Isso, porém, varia muito de curso para curso. O aluno deve estar atento às exigências colocadas pelo curso em que está matriculado.

O aluno de especialização poderá então fazer bom uso das revisões sistemáticas da literatura e poderá formular questões exploratórias, descritivas ou de causa-efeito para obter alguma contribuição pessoal para a área.

## 13.3 Mestrado e Doutorado

A maioria das recomendações deste livro se aplica ao mestrado e ao doutorado. Em ambos os casos, espera-se que o aluno apresente uma contribuição à ciência que seja relevante, isto é, que não seja trivial, que seja útil e que esteja correta.

A diferença entre o que se espera no mestrado e no doutorado reside mais no nível de exigência da contribuição do que na forma. Em ambos os casos, exige-se a aplicação de metodologia científica, a comparação com trabalhos correlatos, a elaboração de uma hipótese de pesquisa e sua comprovação ou refutação. A diferença está então no impacto esperado dessa contribuição.

Para o mestrado, em geral, basta que o aluno apresente uma informação nova sobre algum tema, que seja relevante para a área. No caso do doutorado, essa informação nova tem de ter importância suficiente para mudar o modo como as pessoas encaram aquela área de pesquisa. Ou seja, espera-se que o doutorado produza uma contribuição que de fato modifique o estado da arte.

Além disso, uma tese deve ser "original" e "substancial". É difícil, muitas vezes, avaliar isso. Cabe aos orientadores, com sua experiência, direcionar os alunos de forma a escolher um objetivo que seja compatível com o nível do curso que estão obtendo.

A diferença entre o mestrado e o doutorado não está na forma do documento nem na apresentação, mas na profundidade e na dificuldade do problema a ser tratado. Uma tese de doutorado exige a resolução de um problema mais difícil e, consequentemente, mais contribuições significativas.

No Brasil costumam-se usar as expressões "tese de doutorado" e "dissertação de mestrado". Mas, em inglês, ambos os nomes são usados para designar os trabalhos de mestrado e doutorado. Os termos "tese" e "dissertação" podem ser diferenciados, afirmando-se que a tese é uma afirmação que se procura provar e a dissertação é um texto descritivo sobre a tese.

# Posfácio

Deixo, a seguir, algumas palavras recebidas de leitores, aos quais agradeço o incentivo.

"Parabéns pela iniciativa, Prof. Raul. Esse é um livro do qual eu sempre senti falta. Sempre tive na cabeça a ideia de escrever algo assim, mas nunca surgiu o tempo. Fico feliz que você o fez."

"Nossos alunos de mestrado foram os primeiros a ter contato com o livro e gostaram muito. Foi um elemento diferencial na pesquisa para muitos alunos. Tenho certeza que essa obra vai ajudar a muitos outros alunos na pesquisa pelo Brasil afora."

"Parabéns por mais essa obra que creio que irá auxiliar muito a toda a comunidade acadêmica. Fui seu aluno de metodologia da pesquisa na UFSC e o senhor mudou radicalmente a minha forma de encarar o trabalho com o conhecimento. Creio que uma obra contendo sua experiência supre uma enorme lacuna na área de pesquisas."

"Não conheço o Raul, mas comprei o seu livro e gostei muito. Primeiro: não é um livro de 'metodologia científica', como estamos acostumados. É provável que alguém 'da área' até o reprove, pois não fala sobre normas, não descreve detalhadamente como fazer fichas de papel. Isso é muito bom. É um livro útil.

É fácil de ler, claramente feito da 'frente de combate' para aqueles que lá estão. Você não precisa concordar 100% com tudo o que está nele, mas é difícil discordar de algo. O Raul, certamente, tem um enorme bom senso e tem conhecimento claro do que está escrevendo.

A linguagem é científica informal. O primeiro capítulo, inclusive, é uma boa história, uma metáfora do nosso trabalho, e serve para pontuar o resto do livro. O tom se mantém sempre leve. Tudo é proposto e explicado, e certamente são as explicações que tornam o livro melhor, pois entendemos claramente o porquê das normas de conduta e melhores práticas descritas.

Muito pode ser óbvio para o professor/orientador, mas claramente não para o aluno. Certas ideias, porém, como a descrição dos 'tipos de tese' e a 'análise crítica de propostas', ajudam muito a pensar o que estamos fazendo, trazendo luz a algo que já sabemos (conhecimento tácito), mas não paramos para analisar. Suas classificações funcionam muito bem e, mesmo que possamos criar mais classes, certamente as do livro formam o arcabouço básico.

> [...]
>
> Eu recomendo fortemente a orientados e orientadores. É um ótimo '*baseline*' para a autocrítica. Creio, inclusive, que vou mantê-lo em releitura constante, principalmente na minha participação em bancas."
>
> "Gostaria de lhe agradecer pelo seu texto que foi muito útil no meu processo de mestrado. Seu caminho é sábio, sem dúvida."

Após a publicação da 2ª edição, recebi também algumas críticas em relação a algumas afirmações do livro que possivelmente não são mais adequadas,tendo em vista a evolução da área. Considerei todas as oportunidades de melhoria e fiz o possível para contemplá-las neste novo texto. Acredito que esta 3ª edição esteja um pouco menos *dogmática* e mais *tolerante* em relação à diversidade de possibilidades dentro da pesquisa científica. Mas deixo isso para o leitor julgar.

Raul Sidnei Wazlawick
Florianópolis, 17 de junho de 2019

# Referências


ADAMS, D. N. *The hitchhiker's guide to the galaxy*. Nova York: Crown Publishing Group, 2004.

ASIMOV, I. *Trilogia da fundação*. Tradução de Fabio Fernandes. São Paulo: Aleph, 2019.

BARBETTA, P. A. *Estatística aplicada às ciências sociais*. 7. ed. Florianópolis: Editora da UFSC, 2007.

BARBETTA, P. A., REIS, M. M., BORNIA, A. C. *Estatística para cursos de engenharia e informática*. 2. ed. São Paulo: Atlas, 2008.

BURSTALL, R. M. Proving properties of programs by structural induction. *The Computer Journal*; v. 12, n. 1, p. 41-48, 1969.

CHINNECK, J. W. How to organize your thesis. Ottawa, Canadá: Carleton University, 1999. Disponível em: <http://www.sce.carleton.ca/faculty/chinneck/thesis.html>. Acesso em: 02 de julho de 2019.

DESCARTES, R. *Discurso do método*. Tradução de Paulo Neves. Porto Alegre: L&PM, 2004.

EASTERBROOK, S., SINGER, J., STOREY, M. A., DAMIAN, D. "Selecting empirical methods for software engineering research". *In*: SHULL, F. *et al.* (eds.) *Guide to advanced empirical software engineering*. Londres: Springer, 2008, p. 285-311.

ECO, H. *Como se faz uma tese*. Tradução de Gilson Cesar Cardoso de Souza. São Paulo: Perspectiva, 1989.

FELIZARDO, K. R., NAKAGAWA, E. Y., FABBRI, S. C. P. F., FERRARI, F. C. *Revisão sistemática da literatura em engenharia de software: teoria e prática*. Rio de Janeiro: Elsevier, 2017.

GREGORY, Sir R. Pure and applied science. *Journal of the Royal Astronomical Society of Canada*, v. 36, p. 13-16, jan. 1942.

HEDGES, L. V. How hard is hard science, how soft is soft science? The empirical cumulativeness of research. *American Psychologist*, v. 42, n. 2, p. 443-455, mai. 1987.

HELMER, O., RESCHER, N. On the epistemology of the inexact sciences. *Management Science*, v. 6, n. 1, p. 25-52, out., 1959.

HEMPEL, C. G. Typological methods in the natural and social sciences. *Aspects of scientific explanation and other essays in the philosophy of science*. Nova York: The Free Press, 1965, p. 155-171.

HEXSEL, R. A. Pequeno manual de escrita técnica. *Relatório Técnico 004/2004 DINF/UFPR*. Curitiba, 2004.

JOACHIM, H. H. *The nature of truth*. *[s.l.]:* Clarendon Press, 1906.

KELLERT, S. H. *In the wake of chaos*: unpredictable order in dynamical systems. Chicago: University of Chicago Press, 1993.

KERLINGER, F. N. *Metodologia da pesquisa em ciências sociais* — um tratamento conceitual. Tradução de Helena Mendes Rotundo. São Paulo: EPU, 1980.

KITCHENHAN, B., CHARTERS, S. Guidelines for performing systematic literature reviews in software engineering. *Technical Report EBSE 2007-001*. Keele University and Durham University Joint Report, 2007.

LAKATOS, E. M., MARCONI, M. A. Fundamentos de metodologia científica. 6. ed. São Paulo: Atlas, 2006.

LEWIN, K. Action research and minority problems. *Journal Soc. Issues*. v. 4, n. 2, p. 34-46, 1946.

MELTZOFF, J. *Critical thinking about research*: Psychology and related fields. Washington: American Psychological Association (APA), 1998.

MORO, M. M. *A arte de escrever artigos científicos*. Belo Horizonte, MG: UFMG, 2008. Disponível em: <https://homepages.dcc.ufmg.br/~mirella/doku.php?id=escrita>. Acesso em: 20 de junho de 2019.

MORRIS, C. W. The relation of the formal and empirical sciences within scientific empiricism. *Erkenntnis*, p. 6-16, 1935.

MULLINS, G., KILEY, M. 'It's a PhD, not a Nobel Prize': how experienced examiners assess research theses. *Studies in Higher Education*, v. 27, n. 4, p. 369-386, 2002.

NATIONAL INSTITUTE FOR HEALTH RESEARCH. *PROSPERO: International prospective register of systematic reviews*. York, UK: NIHR, 2019. Disponível em: <https://www.crd.york.ac.uk/prospero/>. Acesso em: 20 de junho de 2019.

OCKHAM, W. *Quaestiones et decisiones in quattuor libros Sententiarum Petri Lombardi*. Lyon: Johannes Treschel, 1495.

PASCAL, B. *Traité du triangle arithmétique*. Paris: Guillaume Desprez, 1665.

PETTICREW, R., ROBERTS, H. *Systematic reviews in the social sciences*: a practical guide. Hoboken, NJ: Blackwell Publishing, 2005.

PLATÃO. *A república*. Organização de Jacó Guinsburg. São Paulo: Perspectiva, 2006.

POPPER, K. *The logic of scientific discovery*. Nova York: Basic Books, 1959.

PRIBERAM. *Acordo Ortográfico da Língua Portuguesa*. Lisboa, 2009. Disponível em: <http://www.priberam.pt/docs/AcOrtog90.pdf>. Acesso em: 23 de julho de 2020.

PURDUE UNIVERSITY. How to write a dissetation or bedtime reading for people who do not have time to sleep. West Lafayette, IN: Purdue University, 2019. Disponível em: <https://www.cs.purdue.edu/homes/dec/essay.dissertation.html>. Acesso em: 20 de junho de 2019.

RAMOS, V. F. C., WAZLAWICK, R. S., FREITAS, M. F., MARIANI, A. C., GALIMBERTI, M. "A Comparação da realidade mundial do ensino de programação para iniciantes com a realidade nacional: revisão sistemática da literatura em eventos brasileiros". *In*: *XXVI SBIE – Simpósio Brasileiro de Informática na Educação*, Maceió, 2015.

RUGABER, S. *Thoughts on the structure of CS dissertations by Spencer Rugaber*. Atlanta, GA: Georgia Tech, College of Computing, 1995. Disponível em: <https://www.cc.gatech.edu/fac/Spencer.Rugaber/txt/thesis.html>. Acesso em: 20 de junho de 2019.

RUSSEL, S., NORVIG, P. *Inteligência artificial*. Rio de Janeiro: Elsevier, 2004.

SELF, J. *Computational mathetics*: towards a science of learning systems design. Leeds: University of Leeds, 1995.

SNIDER, A. How to get your paper accepted at OOPSLA. *In: OOPSLA '91 Conference proceedings on object-oriented programming systems, languages, and applications*. Phoenix, p. 359-363, 1991.

TOLFO, C., WAZLAWICK, R. S. The influence of organizational culture on the adoption of extreme programming. *The Journal of Systems and Software*. v. 81, p. 1955-1967, 2008.

TURING, A. M. "On computable numbers, with and application to the Entscheidungsproblem". *In: Proceedings of the London Mathematical Society. Oxford Journals*. v. 1, p. 230-265, 1937.

UNIVERSIDADE FEDERAL DE SANTA CATARINA. *Normalização de trabalhos acadêmicos*. Florianópolis, SC: UFSC, 2019. Disponível em: <http://portal.bu.ufsc.br/normalizacao/>. Acesso em: 16 de junho de 2019.

VICKERS, J. "The problem of induction". In: *The Stanford Encyclopedia of Philosophy*. Stanford, CA: Stanford University, 2006.

WILDELBAND, W., OAKES, G. History and natural science. *History and theory*, v. 19, n. 2:165-168, 1980.

ZADEH, L. A. Fuzzy sets. *Information and Control*. v. 8, p. 338-353, 1965.

# Índice Alfabético

10 1 2 3 4 5 6 7 8 9
2026